Pocket Power

Philipp Theden
Hubertus Colsman

Qualitätstechniken

Werkzeuge zur Problemlösung und ständigen Verbesserung

4. Auflage

HANSER

Bibliografische Information der Deutschen Nationalbibliothek
Die Deutsche Nationalbibliothek verzeichnet diese Publikation in der Deutschen Nationalbibliografie; detaillierte bibliografische Daten sind im Internet über http://dnb.d-nb.de abrufbar.

Korrigierter Nachdruck 2010

http://www.hanser.de

Lektorat: Lisa Hoffmann-Bäuml
Herstellung: Ursula Barche
Umschlaggestaltung: Parzhuber & Partner GmbH, München
Umschlagrealisation: Stephan Rönigk
Druck und Bindung: Kösel, Krugzell
Printed in Germany

ISBN 978-3-446-40044-3

Inhalt

Vorwort zur 4. Auflage

Bereits seit vielen Jahren ist das vorliegende Buch im praktischen Einsatz bei einer Vielzahl von Unternehmen und wird dabei sowohl von den Neueinsteigern auf dem Gebiet der Qualitätstechniken eingesetzt, als auch von den langjährigen Nutzern zum Nachschlagen und Auffrischen der Kenntnisse.

Ohne den Anspruch zu erheben, die einzelnen beschriebenen Techniken vollständig zu erläutern, werden doch die Zielsetzungen dieser Methoden und das Vorgehen beim Einsatz in einer Weise beschrieben, die einen sofortigen Einstieg in das jeweilige Thema ermöglichen. Gerade dieses schnelle Heranführen an die einzelnen Techniken und die Möglichkeit, die dadurch erworbenen Kenntnisse schnell in der Praxis umsetzen zu können, sind der ganz besondere Nutzen des vorliegenden Pocket Powers.

Trotz einer großen Anzahl von Berichten über die positiven Effekte des Einsatzes von Qualitätstechniken hält sich bei den Skeptikern die Meinung, dass ihr Einsatz nur zusätzliches Geld kostet. Dies beruht auf der einfachen Tatsache, dass der Aufwand für den Einsatz von Qualitätstechniken und für Qualitätsmaßnahmen im ganzen Unternehmen relativ leicht zu erfassen ist. Der wirtschaftliche Nutzen lässt sich aber nicht unbedingt in monetären Größen darstellen. Wie Berichte aus der Praxis jedoch immer wieder gezeigt haben, führt die Anwendung der Qualitätstechniken nach kurzer Zeit einerseits zu einer Reduzierung der Fehlerkosten und andererseits zu einem gesteigerten Qualitätsbewusstsein bei den Mitarbeitern und einer verbesserten Zusammenarbeit über Abteilungsgrenzen hinweg. Durch Fehlervermeidung und verbesserte Produktqualität steigt also letztlich die Kundenzufriedenheit, was den Einsatz der hier beschriebenen Techniken auf jeden Fall rechtfertigen sollte.

In der vorliegenden Auflage wurde das Kapitel 5 Fehlermöglichkeits- und -einflussanalyse an die seit einigen Jahren in der Praxis vorherrschende System-FMEA angepasst, die neben einer veränderten Vorgehensweise auch ein anderes Formblatt verwendet.

Die in den letzten Jahren sehr erfolgreich eingesetzte Methode Six Sigma wird im Kapitel 8 in aller Kürze beschrieben. Für eine weitergehende Beschäftigung mit diesem Thema sei Ihnen der Pocket Power-Band „Six Sigma“ ans Herz gelegt.

Ein wesentliches Element bei Six Sigma ist der Einsatz der hier beschriebenen Qualitätstechniken. Die weltweit mit dieser Methode erzielten wirtschaftlichen Erfolge zeigen daher erneut, dass der zielgerichtete Einsatz von Qualitätstechniken einen großen Beitrag zur Rentabilität eines Unternehmens leisten kann.

Dr.-Ing. Philipp Theden

1 Einleitung

Der Einsatz von Qualitätstechniken führt zu einer verbesserten Gestaltung von Abläufen und unterstützt die gezielte Lösung von Problemen in allen Bereichen des Unternehmens. Da ihr Einsatzgebiet nicht nur auf eine spezielle Branche begrenzt ist, bringen sie sowohl dem produzierenden Unternehmen als auch dem Dienstleister einen erheblichen Nutzen.

Ihr klassisches Einsatzgebiet sind die Qualitätssicherung und das Qualitätsmanagement, wo sie alle Phasen des Produktentstehungsprozesses unterstützen.

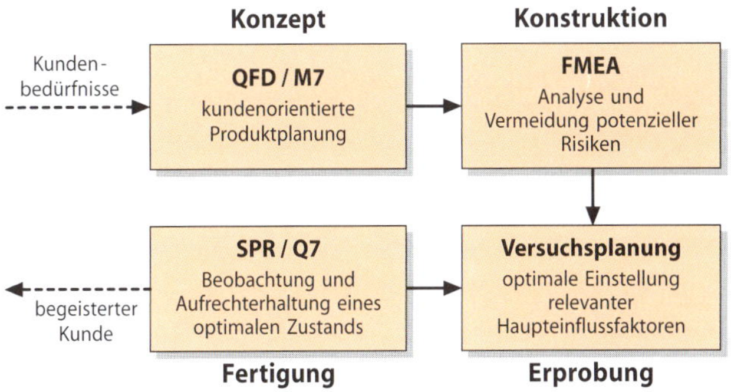

Bild 1: *Produktentstehungsprozess – Einsatzgebiet von Qualitätstechniken*

Darüber hinaus können sie jedoch für eine Reihe anderer Zwecke eingesetzt werden, z. B. im Rahmen des Umweltmanagements oder für die Entwicklung neuer Dienstleistungen. Werden sie konsequent eingesetzt, bedeutet dies zwar zunächst einen erhöhten Aufwand, aber durch das schnellere

Erreichen der Kundenbedürfnisse und gezielte Vermeiden von Fehlern wird dieser Mehraufwand wieder ausgeglichen, und es können dadurch insgesamt Kosten eingespart werden.

Obwohl sie überwiegend für die fachübergreifende Arbeit im Team entwickelt wurden, lassen sich einige der vorgestellten Methoden auch bei der Arbeit allein einsetzen.

Folgende Qualitätstechniken werden in den einzelnen Kapiteln beschrieben:

- Sieben Elementare Qualitätswerkzeuge (Q7)
- Sieben Managementwerkzeuge (M7)
- Qualitätsfunktionen-Darstellung (QFD)
- Fehlermöglichkeits- und -einflussanalyse (FMEA)
- Statistische Versuchsplanung (SVP)
- Statistische Prozessregelung (SPR)
- Six Sigma

Dabei werden sowohl die einzelnen Schritte ihrer Durchführung beschrieben als auch Hinweise gegeben, auf welche Faktoren bei ihrem Einsatz besonders geachtet werden muss. Daneben gibt es Tipps zum Einsatz oder zu der Durchführung der Methoden.

Tipp

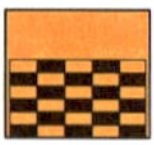

Hürden und Stolpersteine

2 Sieben Elementare Qualitätswerkzeuge (Q7)

Die Sieben Elementaren Qualitätswerkzeuge (Q7) sind eine Zusammenstellung von Methoden, die zur Unterstützung von Problemlösungsprozessen eingesetzt werden können. Es werden dabei vorwiegend Zahlen verarbeitet. Die Q7 sind leicht verständlich und mit einfachen Hilfsmitteln (Pinnwand, Stifte, Karten usw.) durchzuführen. Ursprünglich für die Arbeit in Qualitätszirkeln entwickelt, lassen sich die Q7 bei jeder Art von Gruppenarbeit für nahezu jede Art von Problemen einsetzen. Die Q7 dienen dabei der Erfassung und Untersuchung von Fehlern.

In der Phase der **Fehlererfassung** werden *Fehlersammellisten, Histogramme* und *Qualitätsregelkarten* benutzt. Sie bieten die Möglichkeit, Informationen über Fehlerarten, -orte und -häufigkeiten zu erlangen und grafisch darzustellen.

In der Phase der **Fehleranalyse** wird mit dem *Paretodiagramm* die Bedeutung der einzelnen Fehler ermittelt. Mit dem *Ursache-Wirkungs-Diagramm* werden mögliche Problemursachen gesammelt und geordnet dargestellt. Das *Brainstorming* kann dabei eingesetzt werden, wenn neue Ideen zu einem Thema gefunden und gesammelt werden sollen. Schließlich können mit dem *Korrelationsdiagramm* Wechselwirkungen zwischen einzelnen Fehlereinflüssen untersucht werden. Jedes Werkzeug kann alleine für sich angewendet werden. Einen zusätzlichen Nutzen bietet jedoch der Einsatz mehrerer Werkzeuge, da die Q7 aufeinander aufbauen. So können z. B. die Fehler aus einer Fehlersammelliste später in einem Paretodiagramm bildlich dargestellt werden. Die Q7 können dabei sowohl von Einzelpersonen als auch in

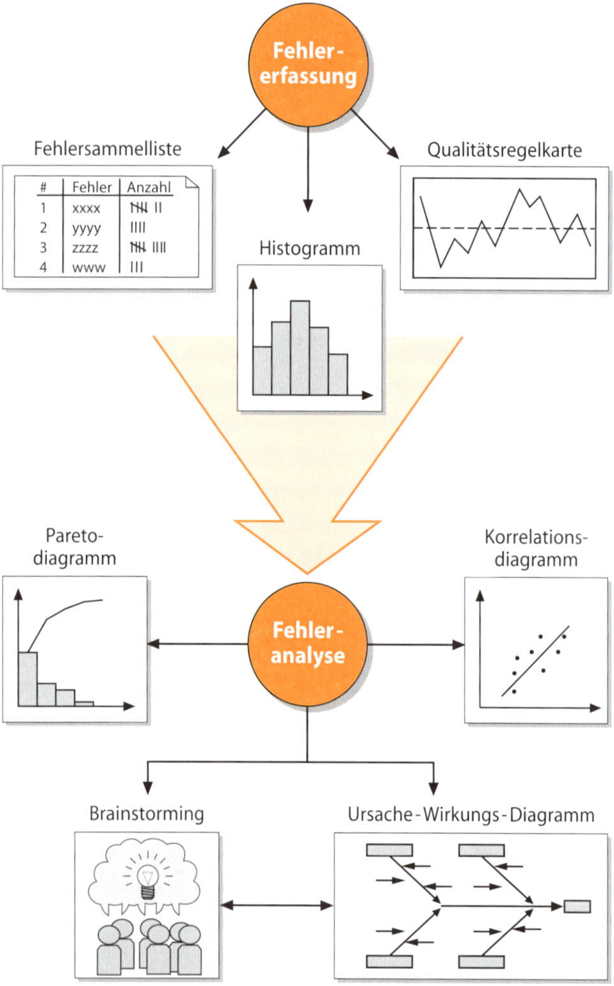

Bild 2: *Überblick über das Zusammenwirken der Q7*

Teams benutzt werden. Die Anwendung im Team bietet die Möglichkeit, Wissen aus verschiedenen Fachgebieten mit in die Problemlösung einfließen zu lassen. Das Team sollte aus ca. vier bis sieben Mitgliedern bestehen, die einerseits mit dem zu behandelnden Problem, andererseits aber auch mit dem Einsatz der Werkzeuge vertraut sind. Um die besten Ergebnisse zu erzielen, sollte die Teamsitzung von einem neutralen Moderator geleitet werden. Am Ende der Sitzung sollte jedes Teammitglied eine Kopie der erarbeiteten Unterlagen und Diagramme zur Dokumentation und Weiterbearbeitung erhalten.

2.1 Fehlersammelliste

WORUM GEHT ES?

Mit Hilfe von Fehlersammellisten können beobachtete oder festgestellte Fehler auf einfache Weise erfasst werden. Durch eine übersichtliche Darstellung nach Art und Anzahl der Fehler können Trends erkannt werden, nach denen die Fehler auftreten.

WAS BRINGT ES?

Fehlersammellisten sind einfach anzuwenden und liefern leicht verständliche Daten. Durch ihre klare Darstellung können Art und Anzahl von Fehlern schnell verdeutlicht werden. Außerdem unterstützt die Fehlersammelliste die Festlegung eines einheitlichen Fehlerkataloges, in dem die einzelnen Fehler genau beschrieben sind. Dies dient der besseren Verständigung zwischen den einzelnen Mitarbeitern.

WIE GEHE ICH VOR?

Zu Beginn wird das zu untersuchende Problem festgelegt. Weiterhin sind die bekannten Fehlerarten genau zu bestimmen. Z. B. ist bei einer Untersuchung von lackierten Flächen festzulegen, welche möglichen Lackfehler auftreten können, also Risse, Nasen, Wellen usw. Bei einer Untersuchung von zu späten Zahlungen ist z. B. festzulegen, was „zu spät" bedeutet. Um die Anzahl von Fehlerarten zu begrenzen, aber dennoch eine vollständige Erfassung zu ermöglichen, sollte eine Kategorie *sonstige Fehler* aufgenommen werden. Wird eine Standardfehlerliste verwandt, ist sicherzustellen, dass alle aufgeführten Fehler für den Benutzer verständlich sind.

FEHLERSAMMELLISTE

Produktnummer: *001123-KL* Ort: *Halle 3*
Produktbezeichnung: *Toaster* Prozess: *Endmontage*

Nr.	Fehlerart	*23.8.*	*24.8.*	Gesamt
1	Kratzer	卌 卌 ///	卌 卌 卌 ////	*32*
2	Beule	///	卌 //	*10*
3	Korrosion	////	卌	*9*
4	Verschmutzung	卌 卌 //	卌 卌 卌 /	*28*
5	Teil fehlt	/	///	*4*
6	Montagefehler	卌 //	///	*10*
7	Sonstiges	//	/	*3*

Prüfart: *Sichtprüfung je Tag 120 Stück*
Uhrzeit: *10.00–11.30*
Datum: *23.–24.8.09*
Kontrolleur: *Schmidt*

Bild 3: *Beispiel für eine Fehlersammelliste*

Wenn die Liste der Fehler aufgestellt ist, wird festgelegt, wer wann die Fehler erfassen soll. Der Erfassungszeitraum kann von Stunden bis zu Monaten reichen. Sicherzustellen ist dabei nur, dass der Beauftragte in der Lage ist, die Fehler zu erkennen. Werden die Daten über längere Zeit gesammelt, sollte gewährleistet sein, dass sie immer bei den gleichen Arbeitsbedingungen aufgenommen werden. Die Menge der untersuchten Objekte sollte begrenzt sein, damit die Übersicht nicht verloren geht.

FEHLER-ZÄHLBLATT	Datum: *17.6.09*
Produktnummer: *137 - KR - 23* Produkt: *Fernseher* Ort: *Kontrolle Abt. 23* Prüfung: *Sichtprüfung* *30 Stück*	● Kratzer × Lackfehler ▲ Verschmutzung ■ Sonstiges

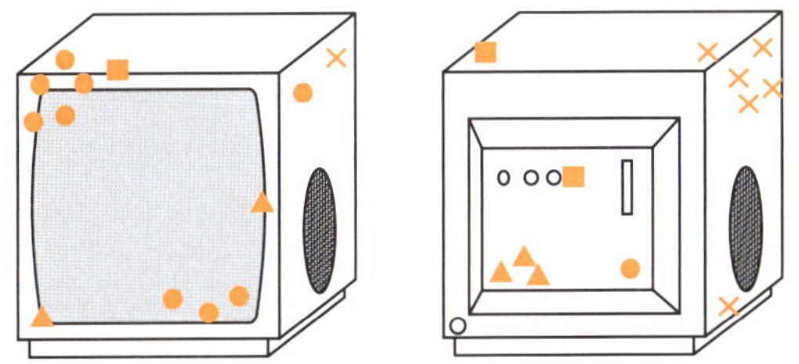

Prüfer: *Meyer*	Bemerkung: *Frontseite viele Kratzer, verschmutzte Typenschilder, linke Seitenwand Lackfehler*

Bild 4: *Beispiel für ein Fehler-Zählblatt*

Wenn alle Vorbereitungen abgeschlossen sind, wird der eigentliche Erfassungsbogen erstellt. Er soll leicht verständlich, vollständig und einfach zu benutzen sein und Angaben darüber enthalten, von wem, wann, wo und wie die Fehler aufgenommen wurden. Der Erhebungsbogen kann als Tabelle (Bild 3) oder als Fehlerblatt (Bild 4) gestaltet sein. Mit dem erstellten Erhebungsbogen sollten probehalber Fehler gesammelt und eingetragen werden. Der Bogen ist dabei auf seine Eignung hin zu überprüfen und ggf. zu verbessern. Aus den Ergebnissen der Erhebungsbögen, also z. B. bestimmten Fehlerhäufigkeiten oder Fehlerorten, können erste Schlüsse auf mögliche Ursachen gezogen werden.

Für denjenigen, der die Fehler sammelt, dürfen aus den Ergebnissen keine negativen Folgen entstehen, wenn z. B. schwer wiegende Probleme entdeckt wurden.

2.2 Histogramm

WORUM GEHT ES?

Ein Histogramm ist ein Säulendiagramm, in dem gesammelte Daten zu Klassen zusammengefasst werden. Die Größe einer Säule entspricht dabei der Anzahl der Daten in einer Klasse. Es lassen sich so Häufigkeitsverteilungen einfach grafisch darstellen. Dies bietet einen ersten Ansatz zur Datenanalyse und Problemlösung.

WAS BRINGT ES?

Durch die grafische Darstellung in einem Histogramm lässt sich eine große Menge gesammelter Daten, die aus einer Tabelle heraus nur schwer zu deuten sind, übersichtlich darstellen. Mit Hilfe dieser Darstellung können schnell Aussagen über die Streuung von Prozessen gemacht werden. Es sind dadurch Rückschlüsse auf die zu Grunde liegende Verteilung der Daten möglich. Das Histogramm unterstützt damit die Prozessbeurteilung und ermöglicht Aussagen über das zukünftige Prozessverhalten.

WIE GEHE ICH VOR?

Grundlage für ein Histogramm ist eine Liste von ermittelten Einzeldaten. Die Daten sollten Größen mit einer durchgehenden Skala sein, wie z. B. Länge, Gewicht, Temperatur, Zeit, Geschwindigkeit. Es sind 50 bis 100 Daten notwendig, um eine Aussage über die Verteilung der Daten zu bekommen. Als Beispiel soll die Messung einer Wellenlänge mit Nennmaß *50 ± 1,5 mm* dienen.

51,3	48,7	50,1	49,9	49,0	49,4	50,4	48,1
51,9	50,2	49,3	50,5	49,7	47,1	48,4	50,0
49,8	51,0	50,0	48,4	50,7	49,4	48,2	50,2
49,6	48,0	50,3	49,8	49,1	52,0	50,9	50,4
49,1	48,8	49,2	52,3	49,7	48,6	49,5	50,0
50,0	48,1	51,8	49,9	50,1	51,1	47,4	50,5
48,9	49,4	48,3	50,2	50,1	47,7	49,6	49,0
51,5	48,3	49,7	50,8	50,3	49,4	49,0	50,5
52,0	49,8	50,1	50,8	50,4	48,2	48,0	50,6
49,1	51,4	49,7	51,0	50,2	47,9	50,3	51,1

Tab. 1: *Gemessene Wellenlängen in mm (n = 80)*

Aus den 80 gemessenen Werten wird die Spannweite R berechnet. Dafür wird der kleinste Wert X_{min} vom größten Wert X_{max} abgezogen:

$$R = X_{max} - X_{min} = 52{,}3 - 47{,}1 = 5{,}2$$

Dann wird die Anzahl der Klassen (k) festgelegt. Dazu dient als Faustregel: Nehme die Wurzel der Anzahl aller Werte (n) und runde zur nächstgelegenen ganzen Zahl:

$$k = \sqrt{n} = \sqrt{80} = 8{,}94 \rightarrow 9 \text{ Klassen}$$

Die Faustregel muss dem Einzelfall eventuell angepasst werden. Dabei gilt: Zu wenige Klassen ergeben ein zu grobes, zu viele Klassen ein zu schwankendes und unübersichtliches Verteilungsbild.

Die Breite der Klassen (H) wird errechnet aus der Spannweite R und der Klassenanzahl k:

$$H = \frac{R}{k} = \frac{5{,}2}{9} = 0{,}58$$

Das Ergebnis sollte auf dieselbe Nachkommastelle gerundet sein wie die ermittelten Einzelwerte. Im Beispiel also H = 0,6. Aus der errechneten Klassenbreite werden nun die Klassengrenzen ermittelt. Der kleinste Einzelwert oder ein geeigneter gerundeter Wert bildet die untere Grenze der ersten Klasse. Im Beispiel ist der kleinste Wert 47,1, so dass die erste Klasse sinnvollerweise bei 47,0 beginnt. Durch Addition von H zu diesem Wert erhält man die untere Grenze der zweiten Klasse, also 47,0 + H = 47,6. Zur ersten Klasse gehören dann alle Werte, die gleich oder größer als 47,0 und kleiner als 47,6 sind. 47,6 gehört bereits zur zweiten Klasse, die bis zu 48,2 (47,6 + H = 48,2) reicht. H wird so oft addiert, bis k Klassen gebildet wurden. Die ermittelten Einzelwerte werden nun den Klassen zugeordnet und das Ergebnis in einer Häufigkeitstabelle festgehalten. Im Beispiel ergibt sich:

Klasse	Klassengrenzen	Häufigkeit	Gesamt
1	47,0–47,59	||	2
2	47,60–48,19	~~||||~~ |	6
3	48,20–48,79	~~||||~~ |||	8
4	48,80–49,39	~~||||~~ ~~||||~~	10
5	49,40–49,99	~~||||~~ ~~||||~~ ~~||||~~ |	16
6	50,00–50,59	~~||||~~ ~~||||~~ ~~||||~~ ~~||||~~ |	21
7	50,60–51,19	~~||||~~ ||||	9
8	51,20–51,79	|||	3
9	51,80–52,39	~~||||~~	5

Tab. 2: *Häufigkeitstabelle*

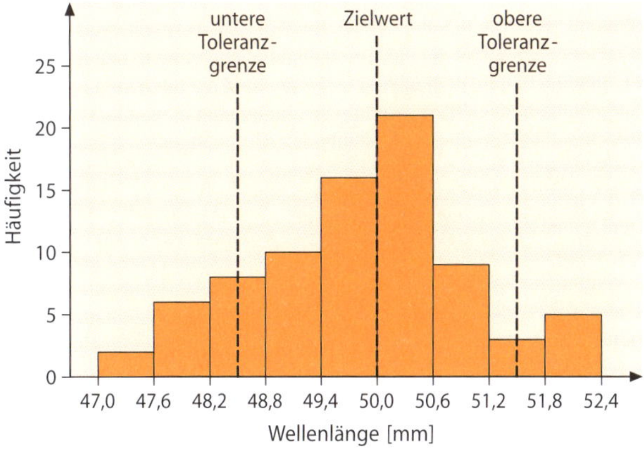

Bild 5: *Grafische Darstellung einer Häufigkeitsverteilung (Beispiel Wellenlängen)*

Das eigentliche Histogramm wird gezeichnet, indem man auf der waagerechten Achse das gemessene Merkmal in einer Skala abträgt, die vom kleinsten bis zum größten Wert reicht.

Auf der senkrechten Achse wird die Häufigkeit aufgetragen. Nun wird über jeder Klasse ein Rechteck gezeichnet, dessen Höhe der in der Häufigkeitstabelle ermittelten Anzahl entspricht. Zusätzlich können das Nennmaß und die Toleranzgrenzen markiert werden.

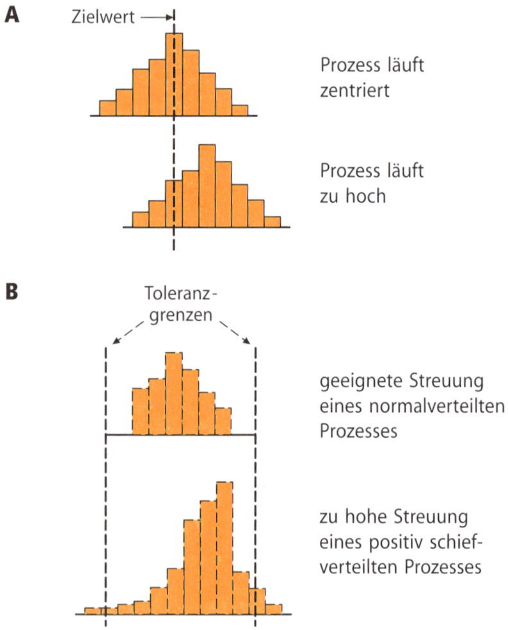

Bild 6: *Interpretationsmöglichkeiten eines Histogramms (Beispiel Wellenlängen)*

Aus dem fertigen Histogramm lässt sich überprüfen, ob die gemessenen Werte innerhalb der Toleranzgrenzen liegen und bei welchem Maß die meisten Werte auftreten

(Bild 6, B). Liegen z. B. mehr Daten rechts des Zielwertes, läuft der Prozess zu hoch (Bild 6, A). Auch die zu Grunde liegende Verteilungsform der Daten lässt sich aus dem Histogramm erkennen.

Es ist wichtig, eine geeignete Anzahl von Klassen zu benutzen. Eventuell müssen verschiedene Anzahlen ausprobiert werden. Falls sich eine Einteilung in zehn Klassen eignet, sind die Berechnungen der Klassenbreiten einfacher.

2.3 Qualitätsregelkarte

WORUM GEHT ES?

Die Qualitätsregelkarte ist ein grafisches Hilfsmittel, um einen Prozess über einen Zeitraum hinweg fortlaufend zu beobachten. Im Rahmen der Q7 lassen sich mit ihr Prozessdaten zu einem aufgetretenen Problem sammeln, aus denen Lösungsansätze erarbeitet werden können. Häufiger finden Qualitätsregelkarten jedoch Anwendung bei der statistischen Prozessregelung zur Überwachung eines fähigen Prozesses (siehe **SPR**). In die Qualitätsregelkarte werden statistische Größen wie z. B. Mittelwert und Streuung von Stichproben eingetragen. Aus dem Verlauf dieser Größen kann dann auf Unregelmäßigkeiten geschlossen und entsprechend eingegriffen werden.

WAS BRINGT ES?

Die Prozessregelung mit Hilfe von Qualitätsregelkarten ist ein dauerhaftes Frühwarnsystem, um Fehler und Ausschuss zu vermeiden. Es kann bereits bei den ersten Anzeichen eines Fehlers in den Prozess eingegriffen werden und nicht erst dann, wenn die Toleranzgrenzen überschritten werden. Eine direkte Prozessverbesserung ist aber nicht möglich. Es werden nur kleine Abweichungen ausgeglichen und Ansatzpunkte für langfristige Verbesserungen aufgezeigt.

Besonders geeignet ist der Einsatz von Qualitätsregelkarten bei der Produktion von großen Stückzahlen. Der Maschinenbediener kann dabei selbst die Prozesskontrolle und -regelung vornehmen und muss nicht erst auf einen speziellen Kontrolleur warten.

WIE GEHE ICH VOR?

Eine Qualitätsregelkarte arbeitet mit einer Art Warnsystem: Aus den Prozessinformationen werden Eingriffsgrenzen berechnet, deren Überschreiten auf eine Unregelmäßigkeit bzw. einen Fehler hinweist. Das Überschreiten der Eingriffsgrenzen bedeutet, dass der Prozess zwar noch innerhalb seiner Toleranzen liegt, aber ein Nachregeln bzw. Eingreifen erforderlich wird. Dadurch wird erreicht, dass Ausschuss nicht erst auftritt.

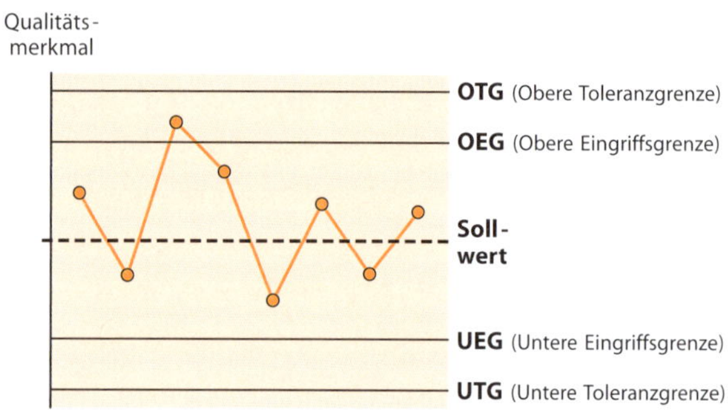

Bild 7: *Schematische Darstellung einer Qualitätsregelkarte*

Wenn die statistischen Größen zur Konstruktion einer Qualitätsregelkarte erst einmal berechnet sind, können die wichtigsten Informationen der Qualitätsregelkarte direkt aus dieser grafischen Darstellung abgelesen werden.

2.3.1 Regelkartentyp auswählen

Zu Beginn werden der Prozess und das dort erzeugte Qualitätsmerkmal bestimmt, das mit der Qualitätsregelkarte überwacht werden soll. Auf Grund der Art der Stichproben wird der geeignete Typ der Qualitätsregelkarte bestimmt.

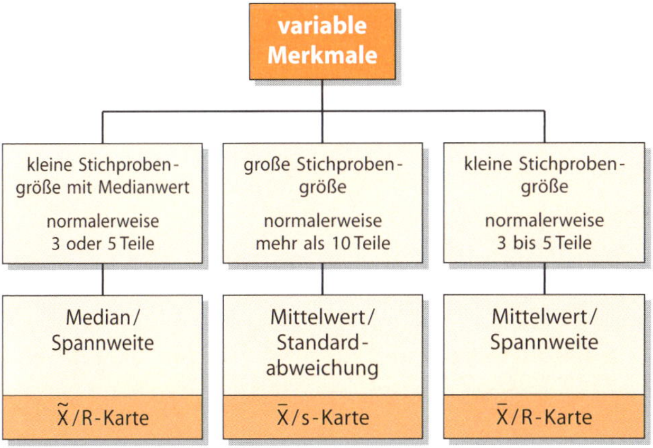

Bild 8: *Auswahlbaum für Qualitätsregelkarten mit variablen Merkmalen*

Variable Merkmale sind Messwerte einer durchgehenden Skala, z. B. Länge, Zeit, Temperatur, Kosten. Daneben gibt es auch Qualitätsregelkarten für attributive Merkmale, bei denen nur zwischen zwei Ausprägungen (z. B.: gut/schlecht, vorhanden/nicht vorhanden, fest/lose) unterschieden werden kann.

2.3.2 Randbedingungen festlegen

Bevor mit dem eigentlichen Anlegen der Qualitätsregelkarte begonnen wird, muss die Aufnahmehäufigkeit und -methode der Stichprobenentnahme genau festgelegt werden. Alle Stichproben müssen unter den gleichen technischen Bedingungen zufällig aufgenommen werden. Die Häufigkeit ist dabei entsprechend dem Merkmal festzulegen, z. B. stündlich, täglich, pro Schicht.

2.3.3 Berechnen statistischer Größen

Für jede Einzelstichprobe werden dann die benötigten statistischen Werte mit folgenden Formeln berechnet:

Mittelwert $\bar{X} = \frac{1}{n}\sum x_i$

Median $\tilde{X}$ = mittlerer Wert der aufsteigend sortierten x_i

Standardabweichung $s = \sqrt{\frac{\sum(x_i - \bar{x})^2}{n-1}}$

Spannweite $R = x_{max} - x_{min}$

Dabei sind x_i die einzelnen Messwerte und n die Anzahl der Messwerte einer Stichprobe.

2.3.4 Mittellinie und Eingriffsgrenzen berechnen

Aus den Einzelwerten der *k* Stichproben werden dann entsprechend der Tabelle 3 die statistischen Gesamtwerte errechnet. Aus diesen Werten werden die Mittellinien der Qualitätsregelkarten gebildet, die in die Karten eingetragen werden. Der Prozessmittelwert sollte dem vorgegebenen Sollwert entsprechen.

Daraufhin erfolgt die Berechnung der oberen Eingriffsgrenze (OEG) und der unteren Eingriffsgrenze (UEG) nach Tabelle 1. Für die Berechnung werden Konstanten benutzt, die von der Größe der Stichproben abhängig sind (siehe Tabelle 4).

Kartentyp	stat. Gesamtwert der k Stichproben (Prozessdurchschnitt)	Eingriffsgrenzen
$\bar{X}$/R-Karte	$\bar{\bar{X}} = \frac{(\bar{X}_1 + \bar{X}_2 + \ldots + \bar{X}_k)}{k}$	$OEG_{\bar{x}} = \bar{\bar{x}} + A_2 \cdot \bar{R}$ $UEG_{\bar{x}} = \bar{\bar{x}} - A_2 \cdot \bar{R}$
	$\bar{R} = \frac{(R_1 + R_2 + \ldots + R_k)}{k}$	$OEG_R = D_4 \cdot \bar{R}$ $UEG_R = D_3 \cdot \bar{R}$
$\bar{X}$/s-Karte	$\bar{\bar{X}} = \frac{(\bar{X}_1 + \bar{X}_2 + \ldots + \bar{X}_k)}{k}$	$OEG_{\bar{x}} = \bar{\bar{x}} + A_3 \cdot \bar{s}$ $UEG_{\bar{x}} = \bar{\bar{x}} - A_3 \cdot \bar{s}$
	$\bar{s} = \frac{(s_1 + s_2 + \ldots + s_k)}{k}$	$OEG_s = B_4 \cdot \bar{s}$ $UEG_s = B_3 \cdot \bar{s}$
$\tilde{X}$/R-Karte	$\bar{\tilde{X}} = \frac{(\tilde{X}_1 + \tilde{X}_2 + \ldots + \tilde{X}_k)}{k}$	$OEG_{\tilde{x}} = \bar{\tilde{x}} + \tilde{A}_2 \cdot \bar{R}$ $UEG_{\tilde{x}} = \bar{\tilde{x}} - \tilde{A}_2 \cdot \bar{R}$
	$\bar{R} = \frac{(R_1 + R_2 + \ldots + R_k)}{k}$	$OEG_R = D_4 \cdot \bar{R}$ $UEG_R = D_3 \cdot \bar{R}$

Tab. 3: *Formeln für variable Merkmale*

n	A_2	$\tilde{A}_2$	A_3	B_3	B_4	D_3	D_4
2	1,880	1,880	2,659	0	3,267	0	3,267
3	1,023	1,187	1,954	0	2,568	0	2,574
4	0,729	0,796	1,628	0	2,266	0	2,282
5	0,577	0,691	1,427	0	2,089	0	2,114
6	0,483	0,548	1,287	0,030	1,970	0	2,004
7	0,419	0,509	1,182	0,118	1,882	0,076	1,924
8	0,373	0,433	1,099	0,185	1,815	0,136	1,864
9	0,337	0,412	1,032	0,239	1,761	0,184	1,816
10	0,308	0,362	0,975	0,284	1,716	0,223	1,777

Tab. 4: *Konstanten*

2.3.5 Erstellen der endgültigen Qualitätsregelkarte

Es wird nun die eigentliche Qualitätsregelkarte erstellt. Sie enthält Angaben über den Kartentyp, das gemessene Qualitätsmerkmal, Aufnahmeort und -häufigkeit und die Stichprobengröße.

Je nach verwendetem Kartentyp werden die Achsen für den Mittelwert bzw. Median und für die Standardabweichung bzw. Spannweite eingezeichnet. Die Einteilung der Achsen wird so gewählt, dass die Mittellinie und die Eingriffsgrenzen, aber auch Werte außerhalb der Eingriffsgrenzen eingezeichnet werden können.

2.3.6 Führen der Qualitätsregelkarte

Die ermittelten Stichprobenwerte und die errechneten statistischen Werte werden nun in eine Tabelle eingetragen und parallel dazu die entsprechenden Werte in die Regelkarte eingezeichnet.

Die Werte der einzelnen Stichproben werden durch eine Linie verbunden, so dass die Kurven der beiden überwachten Größen entstehen.

Liegt ein Wert einer Stichprobe außerhalb der Eingriffsgrenzen, wirkt an dieser Stelle ein systematischer Fehler (siehe **SPR**). Er muss identifiziert und behoben werden, bevor der Prozess die Toleranzgrenzen überschreitet. Anschließend müssen die Grenzen neu berechnet werden.

Solche Besonderheiten werden auf der Qualitätsregelkarte vermerkt, damit auch zu einem späteren Zeitpunkt verfolgt werden kann, wie sich der Prozess verändert hat.

Liegen alle Werte innerhalb der Eingriffsgrenzen, kann die Karte zur Prozessüberwachung benutzt werden. Die Grenzen dürfen dafür *nicht* geändert werden, außer der Prozess wird grundlegend geändert. Im weiteren Verlauf werden regelmäßig Stichproben aus dem Prozess entnommen, die entsprechenden statistischen Werte berechnet und diese in die Karte eingetragen.

2.3.7 Interpretation der Qualitätsregelkarte

Nicht alle Unregelmäßigkeiten eines Prozesses äußern sich in einem Überschreiten der Eingriffsgrenzen. Auch aus den folgenden Verlaufsmustern kann ein Handlungsbedarf abgelesen werden.

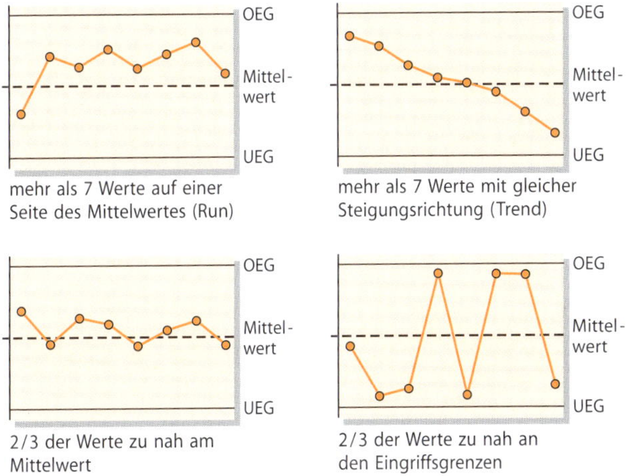

Bild 9: *Unterschiedliche Verlaufsmuster*

Wenn die Prozessüberwachung durch den Maschinenbediener vorgenommen wird, ist es wichtig, dass er auch in der Interpretation der Regelkarte geschult wird.

Qualitätsregelkarte für variable Merkmale

☒ $\bar{x}$ ☐ s ☐ $\tilde{x}$ ☒ R

Teil: *Welle*
Arbeitsgang: *Feindrehen*
Merkmal: *Durchmesser d3*

Blatt Nr.: *9*
Datum: *09/09*

x_1	53	53	53	51	52	51	52	53	54	55	52	50	52	50	48	53
x_2	53	53	53	50	52	52	51	52	54	54	54	51	55	52	54	52
x_3	52	52	51	50	53	53	52	53	53	53	54	53	54	55	54	52
x_4	53	53	53	53	53	53	51	52	53	52	55	52	53	55	53	54
x_5	52	53	52	52	52	50	52	51	53	55	52	53	52	53	53	53
$\bar{x}$	52,6	52,8	52,4	51,2	52,4	51,8	51,6	52,2	53,4	53,8	53,4	51,8	53,2	53,0	52,4	52,8
R	1	1	2	3	1	3	1	2	1	3	3	3	3	5	6	2

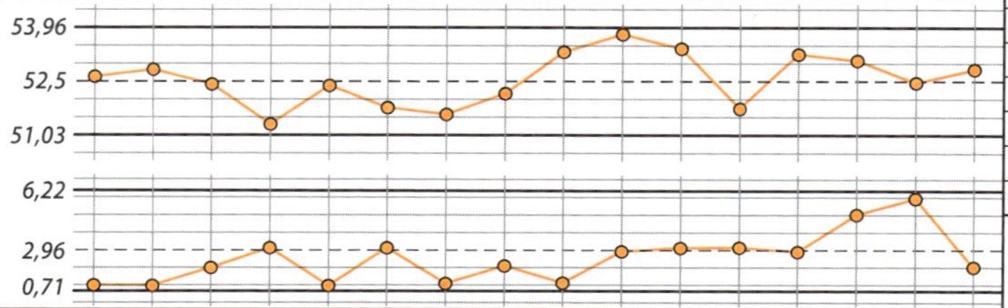

Datum	8.10								9.10							
Zeit	8:30	9:30	10:30	11:30	12:30	13:30	14:30	15:30	8:30	9:30	10:30	11:30	12:30	13:30	14:30	15:30
Name	Mu	Mu	Mu	Mu	Kr	Kr	Kr	Kr	Mu	Mu	Mu	Mu	Kr	Kr	Kr	Kr

Einrichtung: *Drehzentrum 2*
Sollwert: *58,52 mm*
OTG/UTG: *58,57/58,47 mm*
Maßeinheit: *1/100 mm*
Stichpr. Umfang: *5 Stück*
Prüfintervall: *1 Stunde*

Eingriffsgrenzen: (mm/100)

	$\bar{x}$	R
OTG:	57,0	–
OEG:	53,96	6,22
Mittell.:	52,5	2,96
UEG:	51,03	0,71
UTG:	47,0	–

Auswertung:
$\bar{\bar{x}}$: 52,5 c_p: 1,31
$\bar{R}$: 2,96 c_{pk}: 1,17

Datum: *10.10.09*
geprüft von: *H. Schmidt*

Bild 10: *Beispiel für eine $\bar{X}$/R-Karte*

2.4 Paretodiagramm

WORUM GEHT ES?

Das Paretodiagramm beruht auf dem Paretoprinzip, welches besagt, dass die meisten Auswirkungen eines Problems (80 %) häufig nur auf eine kleine Anzahl von Ursachen (20 %) zurückzuführen sind. Es ist ein Säulendiagramm, das Problemursachen nach ihrer Bedeutung ordnet. Die Auswirkungen des Problems können als Fehlerhäufigkeit, aber auch z. B. als Kosten gemessen werden. Durch diese Darstellung werden diejenigen Ursachen gefunden, die den größten Einfluss auf das Problem haben. Es entsteht so eine Entscheidungshilfe, in welcher Reihenfolge die Ursachen bekämpft werden sollen.

WAS BRINGT ES?

Mit Hilfe des Paretodiagramms werden aus vielen möglichen Ursachen eines Problems diejenigen herausgefiltert, die den größten Einfluss haben. Wie wichtig eine Ursache ist, kann direkt aus dem Paretodiagramm abgelesen werden. Dadurch werden als Erstes die wichtigen Ursachen eines Problems beseitigt. Es wird so verhindert, dass mit großem Zeit- und Kostenaufwand unwichtige Ursachen beseitigt werden und das Problem dennoch bestehen bleibt. Nach der Ursachenbeseitigung kann mit einem neuen Paretodiagramm die Verbesserung dargestellt und Ansätze können für weitere Maßnahmen aufgezeigt werden.

WIE GEHE ICH VOR?

Zu Beginn ist festzulegen, welches Problem bearbeitet werden soll. Als Beispiel soll die Endkontrolle einer Radioweckerproduktion dienen. Hier treten immer wieder Fehler auf, die eine kostenintensive Nacharbeit erfordern. Im nächsten Schritt sind Kategorien für mögliche Fehlerarten bzw. Ursachen zu ermitteln. Diese können mit Hilfe eines Brainstormings (siehe **Brainstorming**) oder durch Erfahrungswerte gefunden werden. Es sollte auch eine Kategorie *Sonstiges* aufgenommen werden. Außerdem muss festgelegt werden, mit welcher Größe die Problemauswirkung gemessen werden soll. Die gebräuchlichsten Größen sind die Häufigkeit des Auftretens und die mit Kosten bewertete Häufigkeit (Anzahl multipliziert mit Kostenansatz). Denkbar sind aber auch Gewichtungen nach anderen Kriterien wie z. B. der Bedeutung für den Kunden.

Fehlerart i	Nacharbeitskosten K pro Fehler
Kratzer am Gehäuse	20,–
fehlendes Kabel	7,–
abgebrochener Hebel	35,–
defekte Anzeige	60,–
lose Schrauben	3,–
Bedienanleitung falsch	5,–
Sonstiges	15,–

Tab. 5: *Fehlerarten und Nachbearbeitungskosten (Beispiel Radioweckerproduktion)*

Die Daten werden durch direkte Beobachtung oder durch Auswertung von Unterlagen aufgenommen. Im Beispiel wird das Auftreten der einzelnen Fehlerarten bei 50 Radioweckern gezählt. Hilfreich ist hierbei eine Fehlersammelliste (siehe **Fehlersammelliste**).

Um das Paretodiagramm zu erstellen, wird aus der absoluten Häufigkeit jeder Kategorie deren prozentualer Anteil ermittelt. Außerdem werden die Kosten pro Kategorie errechnet.

Fehlerart i	**Anzahl**	**Häufigkeit in %**	**Kosten**
Kratzer	13	17	260,–
fehl. Kabel	7	9	49,–
abgebr. Hebel	2	3	70,–
def. Anzeige	5	7	300,–
lose Schrauben	23	31	69,–
Anleitung falsch	18	24	90,–
Sonstiges	7	9	105,–
Summe	75	100 %	943,–

Tab. 6: *Fehlerarten, Fehleranzahl und Nacharbeitskosten (Beispiel Radioweckerproduktion, n = 50)*

Die Kategorien werden absteigend nach ihrer Bedeutung sortiert und dann auf der waagerechten Achse von links nach rechts abgetragen. Über jeder Kategorie wird ein Rechteck gezeichnet, dessen Höhe der Häufigkeit ihres Auftretens bzw. den angefallenen Kosten entspricht.

Wahlweise kann zur Verdeutlichung eine Summenkurve ergänzt werden. Dafür wird auf der rechten Seite eine zweite senkrechte Achse angelegt, auf der 100 % der Gesamtanzahl der Fehler bzw. der Gesamtsumme der Kosten entspricht. Der Prozentanteil jeder einzelnen Kategorie wird von links nach rechts aufsummiert, bis bei der letzten Kategorie 100 % erreicht sind.

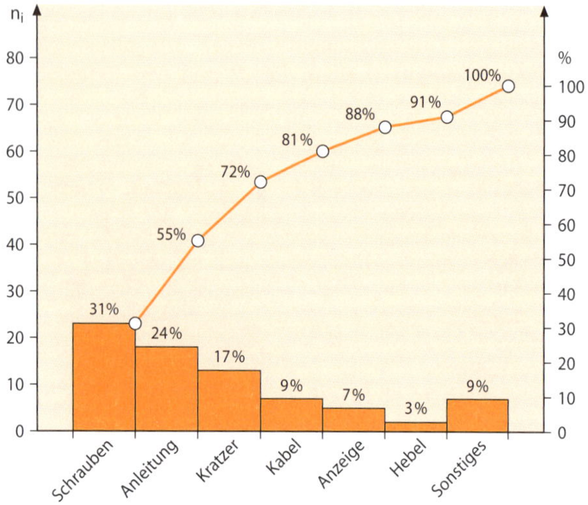

Bild 11: *Paretodiagramm mit Summenkurve, Kriterium: Fehlerhäufigkeiten (Beispiel Radioweckerproduktion)*

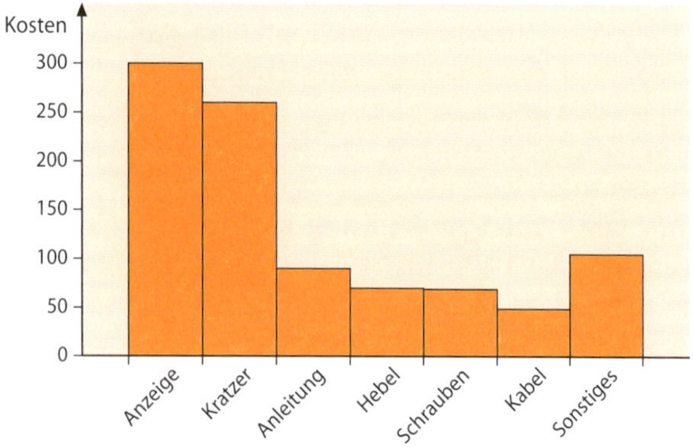

Bild 12: *Paretodiagramm, Kriterium: Nacharbeitskosten (Beispiel Radioweckerproduktion)*

Aus dem fertigen Paretodiagramm lässt sich nun die Bedeutung der einzelnen Kategorien ablesen: Je größer die Säule im Diagramm, desto wichtiger ist diese Kategorie. Sie zu beheben bildet die größten Verbesserungsmöglichkeiten. Eine steile Summenkurve deutet darauf hin, dass es sehr wenige wichtige Ursachen für das Problem gibt. Eine flache Kurve zeigt an, dass viele gleichwertige Ursachen vorliegen. Im Einzelfall ist jedoch zu prüfen, ob die häufigsten bzw. teuersten Ursachen auch die wichtigsten hinsichtlich der Unternehmensziele sind. Im Beispiel bilden lose Schrauben und falsche Bedienungsanleitungen über 50 % der Fehler. Die hohen Nacharbeitskosten entstehen jedoch zu 60 % durch defekte Anzeigen und Kratzer, so dass diese beiden Fehler zuerst zu beheben sind.

VARIATIONEN

Erweiterungen des Paretodiagramms können sein:

- Es werden mehrere Paretodiagramme gezeichnet mit jeweils anderem Maß für die Auswirkungen (Anzahl, Kosten, andere Kriterien). Durch einen Vergleich der Diagramme können die Problemursachen nach verschiedenen Kriterien beurteilt werden.
- Eine einzelne Ursachenkategorie, in der eine Gruppe von Ursachen zusammengefasst worden ist (z. B. Lackfehler), kann in einem weiteren Paretodiagramm aufgeteilt werden. Durch eine Aufteilung in mehrere Kategorien (z. B. Haarrisse, Tropfnasen, Blasen) ist es möglich, eine genauere Untersuchung der Ursachen durchzuführen.
- Nachdem einzelne Ursachen bekämpft wurden, kann ein weiteres Paretodiagramm erstellt werden. Durch einen Vergleich der Diagramme wird sichtbar, ob die gewünsch-

ten Verbesserungen erreicht wurden und welche Maßnahmen jetzt noch bekämpft werden müssen.

2.5 Korrelationsdiagramm

WORUM GEHT ES?

Das Korrelationsdiagramm stellt die Beziehung zwischen zwei Merkmalen grafisch dar, die paarweise an einem Objekt aufgenommen werden. Die Wertepaare werden im Diagramm als Punkte dargestellt, aus deren Muster man Rückschlüsse auf einen statistischen Zusammenhang zwischen den beiden Merkmalen ziehen kann.

WAS BRINGT ES?

Mit einem Korrelationsdiagramm kann die Stärke der Beziehung zwischen zwei Merkmalen ermittelt werden. So kann z. B. eine vermutete Ursache-Wirkungs-Beziehung überprüft werden, die in einem Ursache-Wirkungs-Diagramm ermittelt wurde (siehe **Ursache-Wirkungs-Diagramm**). Es lassen sich mit Hilfe des Diagramms Aussagen über die Stärke und die Richtung (Vorzeichen) des Zusammenhanges machen. Besonders geeignet ist das Korrelationsdiagramm, um geradlinige (lineare) Zusammenhänge zu erkennen. Insgesamt ist jedoch zu beachten, dass nur ein statistischer Zusammenhang ermittelt wird, der keine Aussage über einen kausalen Zusammenhang (Ursache – Wirkung) macht.

WIE GEHE ICH VOR?

Zu Beginn ist festzulegen, welche beiden Merkmale auf einen möglichen Zusammenhang hin untersucht werden sollen. Die Merkmale werden dann als Wertepaare (X/Y) an je einem Objekt aufgenommen.

Beispiele:

- Körpergröße und Körpergewicht von Personen einer Gruppe
- Durchmesser und Oberflächengüte jeder Welle eines Loses
- Lufttemperatur und Luftdruck je Tag eines Monats

Für ein aussagekräftiges Diagramm sind 50 bis 100, mindestens aber 30 Wertepaare notwendig. Es ist darauf zu achten, dass jedes Wertepaar unter den gleichen Bedingungen aufgenommen wird. Als Beispiel soll die Annahme überprüft werden, dass bei steigender Körpergröße auch das Körpergewicht einer Person steigt:

Personen-nummer	Körpergröße in cm	Körpergewicht in kg
1	185	79
2	177	75
3	190	83
4	182	85
39	165	66
40	191	87

Tab. 7: *Wertepaare einer vermuteten Korrelation (Beispiel Körpergröße/Körpergewicht)*

Zur Erstellung des Korrelationsdiagramms wird das erste Merkmal (Größe) auf der waagerechten Achse und das zweite Merkmal (Gewicht) auf der senkrechten Achse gezeichnet.

Aus dem größten und dem kleinsten ermittelten Wert eines Merkmales ergibt sich die sinnvolle Einteilung der Achsen. Die Wertepaare werden dann als Punkte in das Diagramm eingetragen, so dass eine Punktwolke entsteht. Tritt ein Wertepaar wiederholt auf, wird der entsprechende Punkt jedes Mal mit einem Kreis markiert.

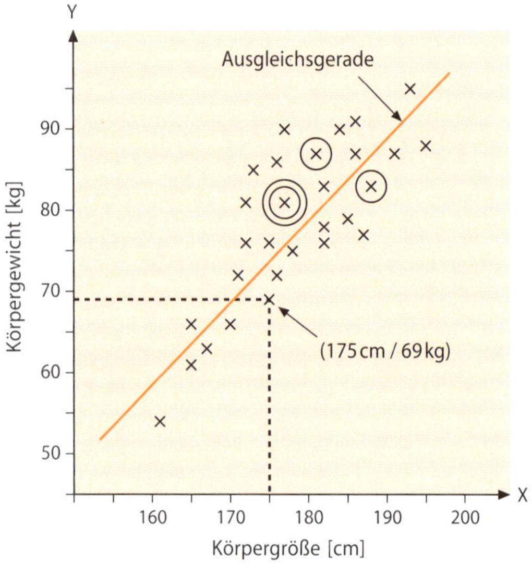

Bild 13: *Grafische Darstellung einer Korrelation (Beispiel Körpergröße/ Körpergewicht)*

Zur Interpretation des Korrelationsdiagramms dient die entstandene Punktwolke. Lässt sich durch die Punktwolke eine Ausgleichsgerade (nach Augenmaß gezeichnete Gerade, an der alle Punkte möglichst dicht liegen) zeichnen, kann man bei einer steigenden Gerade auf eine positive, bei einer fallenden auf eine negative Korrelation schließen. Eine positive Korrelation bedeutet, dass steigende X-Werte mit steigenden Y-Werten verbunden sind. Auf das Beispiel übertragen bedeutet dies, dass bei steigender Körpergröße auch das Gewicht steigt. Im Gegensatz dazu bedeutet eine negative Korrelation, dass steigende X-Werte mit fallenden Y-Werten verbunden sind. Je näher die Punkte an der Ausgleichsgeraden liegen, desto stärker ist der Zusammenhang der beiden Merkmale, d. h. die Merkmale sind eng miteinander verbunden. Bei einem schwachen Zusammenhang ist anzunehmen, dass es noch andere Merkmale gibt, die auf den untersuchten Zusammenhang einen Einfluss haben. Die folgenden Abbildungen zeigen immer wieder vorkommende Muster von Korrelationen.

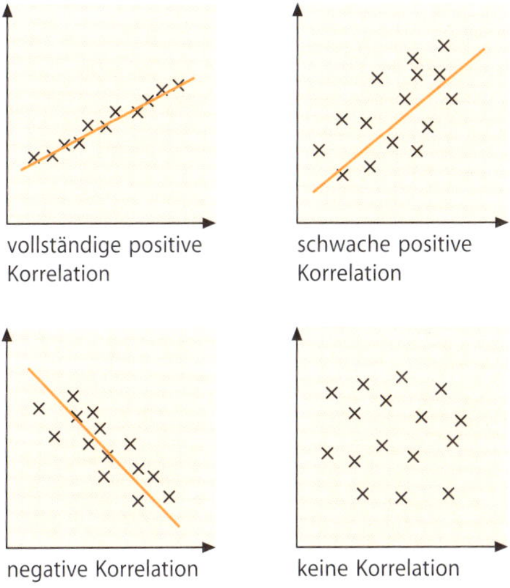

Bild 14: *Korrelationsmuster*

Bei der Deutung eines Korrelationsdiagramms muss beachtet werden, dass nur ein statistischer Zusammenhang aufgezeigt werden kann. Ob sich aus so einem Zusammenhang auch eine logische Ursache-Wirkungs-Beziehung ableiten lässt, muss immer noch zusätzlich geprüft werden.

2.6 Brainstorming

WORUM GEHT ES?

Brainstorming ist eine einfache Methode, mit der zu einem beliebigen Thema Ideen, Argumente oder Lösungsvorschläge gesammelt werden können. Das Ziel dabei ist es, möglichst viele Ideen zu entwickeln, die erst anschließend kritisch beurteilt werden. Um die Kreativität der Teammitglieder voll zu entfalten, ist es notwendig, gewisse Spielregeln einzuhalten.

WAS BRINGT ES?

Beim Brainstorming können alle Teammitglieder beteiligt werden. Es wird ermöglicht, völlig neue Denkansätze einzubringen, auch wenn diese zuerst abwegig erscheinen. Eine von einem Mitglied angeregte Idee kann von anderen Teammitgliedern ergänzt oder weiter ausgebaut werden. Durch diese Teamarbeit wird die Kreativität gegenseitig angeregt.

WIE GEHE ICH VOR?

Zu Beginn eines Brainstormings wird das zu behandelnde Thema bzw. das Problem erläutert und als eindeutige Fragestellung für alle sichtbar auf einer Tafel oder Ähnlichem festgehalten. Durch Nachfragen soll sichergestellt werden, dass jeder Teilnehmer die Frage verstanden hat.

In der sich anschließenden eigentlichen kreativen Phase entwickelt jedes Teammitglied so viele Ideen wie möglich. Dies kann auf verschiedene Weisen durchgeführt werden.

1. Jeder Teilnehmer erhält eine oder mehrere Karten (Anzahl ist abhängig von der Teamgröße), auf die er jeweils eine Idee gut lesbar schreibt. Die Karten werden dann vom Moderator gesammelt, laut vorgelesen und an die Tafel geheftet.
2. Die Ideen werden von den Teilnehmern mündlich vorgetragen. Dazu kann eine Reihenfolge festgelegt werden, bei der alle Teilnehmer nacheinander eine Idee äußern. Dies wird so lange wiederholt, bis keine Ideen mehr gefunden werden, wobei für jedes Teammitglied die Möglichkeit besteht, bei einem Durchgang zu passen. In kleineren Teams kann die Reihenfolge auch entfallen. Die Ideen können dann von jedem zu jeder Zeit vorgetragen werden. Alle Ideen oder Weiterentwicklungen von Ideen werden vom Moderator an der Tafel deutlich lesbar notiert.

Nach der kreativen Phase können einzelne Ideen zum besseren Verständnis noch einmal näher erläutert werden. Eine kritische Beurteilung der gesammelten Ideen erfolgt beim Brainstorming nicht.

Der Moderator kann durch neutrale Zwischenfragen die Aufmerksamkeit des Teams auf bestimmte Aspekte lenken und so die Ideenfindung weiter anregen. Die kreative Phase sollte ohne Zeitdruck stattfinden.

Die entwickelten Ideen dürfen von den Teilnehmern nicht kritisiert werden. Quantität geht hier vor Qualität. Dieses absolute Kritikverbot muss vom Moderator streng kontrolliert werden. Destruktive Kommentare wie z. B. „Das klappt nie!" oder „So ein Unsinn!" behindern den Ideenfluss sofort und stellen so den Kreativitätsprozess in Frage.

Beim Zurufen der Ideen ist es leicht möglich, dass einzelne gesprächige Teammitglieder die Arbeit beherrschen und andere sich nicht mehr trauen, Ideen einzubringen. Diese Gefahr wird durch das Aufschreiben, das jeder für sich durchführt, vermieden.

2.7 Ursache-Wirkungs-Diagramm

WORUM GEHT ES?

Das Ursache-Wirkungs-Diagramm, nach seiner Form auch Fischgräten- oder nach seinem Erfinder Ishikawadiagramm genannt, unterstützt ein Team bei der Zerlegung eines Problems in seine Ursachen. Es werden zu einem Problem (Wirkung) mögliche und bekannte Einflüsse (Ursachen) gesammelt, in Haupt- und Nebenursachen unterteilt und dann grafisch dargestellt. Durch eine anschließende Bewertung ergeben sich einige wenige Ursachenschwerpunkte, die dann weiter untersucht werden können.

WAS BRINGT ES?

Durch fachübergreifende Teamarbeit bei der Erstellung eines Ursache-Wirkungs-Diagramms werden verschiedene Ansichten eines Problems miteinander verbunden. Dabei wird sich durch das gezielte Vorgehen auf das Problem konzentriert, und Interessen von einzelnen Personen werden zurückgestellt. Mit Hilfe von Kreativitätstechniken (z. B. **Brainstorming**) können viele Ursachen für das Problem ermittelt werden. Durch die Einteilung dieser Ursachen in verschiedene Hauptgruppen wird im Ursache-Wirkungs-Diagramm eine übersichtliche Gliederung erarbeitet. Zusätzlich sind Abhängigkeiten zwischen den Ursachen erkennbar.

WIE GEHE ICH VOR?

Zu Beginn wird eine kurze verständliche Problembeschreibung erarbeitet, die möglichst genaue Informationen über Inhalt, Zeit, Ort und Ausmaß des Problems enthält. Jeder, der bei der Erarbeitung des Ursache-Wirkungs-Diagramms beteiligt ist, sollte das Problem, das untersucht wird, klar verstanden haben. Die Problembeschreibung wird auf die rechte Seite einer Tafel oder etwas Ähnlichem für alle sichtbar notiert.

Im zweiten Schritt werden Kategorien für mögliche Ursachen festgelegt. Häufig findet eine Einteilung gemäß der so genannten 4-M-Methode in „Maschinen“ (Werkzeuge, Geräte usw.), „Methode“ (Arbeitsweise), „Material“ (Werkstoffe, Rohmaterialien usw.) und „Menschen“ (beteiligte Personen) Anwendung. Diese können durch „Milieu“ (Arbeitsumfeld) oder „Messung“ (eingesetzte Messmittel, Messmethoden) ergänzt werden. Es gibt keine allgemein gültige Anzahl oder Einteilung der Ursachenkategorien, so dass in jedem Einzelfall eine individuelle Lösung festgelegt werden muss. Die ermittelten Kategorien werden dann auf der Tafel an Pfeilen notiert, die über einen Hauptpfeil auf das Problem zeigen. Es entsteht so das fischgrätenähnliche Aussehen des Diagramms.

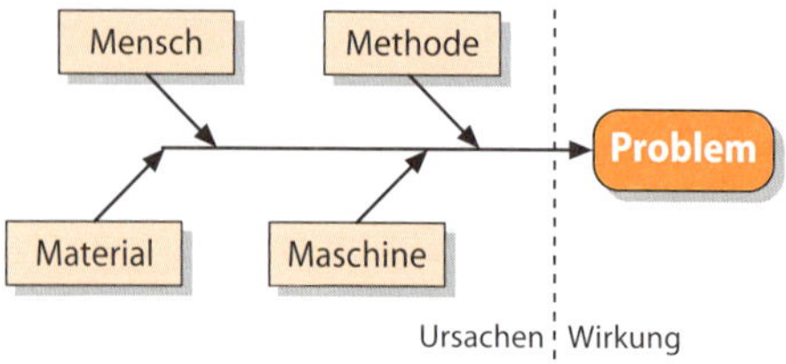

Bild 15: *Schematische Darstellung des Ursache-Wirkungs-Diagrammes*

Es werden dann z. B. mit Hilfe eines Brainstormings (siehe **Brainstorming**) möglichst viele denkbare Ursachen für das Problem gesammelt. Jede gefundene Ursache wird einer Kategorie zugeordnet. Bei mehreren Zuordnungsmöglichkeiten muss eine Kategorie ausgewählt werden. Jede Ursache wird an einem neuen Pfeil als Verzweigung in der entsprechenden Kategorie eingetragen. Um den Kreativitätsprozess zu unterstützen, kann der Moderator durch Fragen die Aufmerksamkeit des Teams auf bisher vernachlässigte Kategorien lenken. Durch Hinterfragen von Einzelursachen werden Nebenursachen gefunden, die zu einer weiteren Verzweigung des Diagramms führen. Welcher Detaillierungsgrad dabei noch sinnvoll ist, ist im Einzelfall zu entscheiden. Eine Faustregel sagt, dass bei einer Einzelursache bis zu drei Mal „Warum?" gefragt wird.

Werden keine weiteren Ursachen mehr gefunden, sollte eine Beurteilung der Einzelursachen erfolgen. Hilfreich für die Gewichtung der Ursachen können Klebepunkte oder Symbole sein, die an die wichtigsten Ursachen geklebt werden. Aus der Anzahl der Klebepunkte kann auf die Bedeutung der einzelnen Ursachen geschlossen werden. Die Ursachen mit den meisten Punkten sollten anschließend weiter untersucht werden.

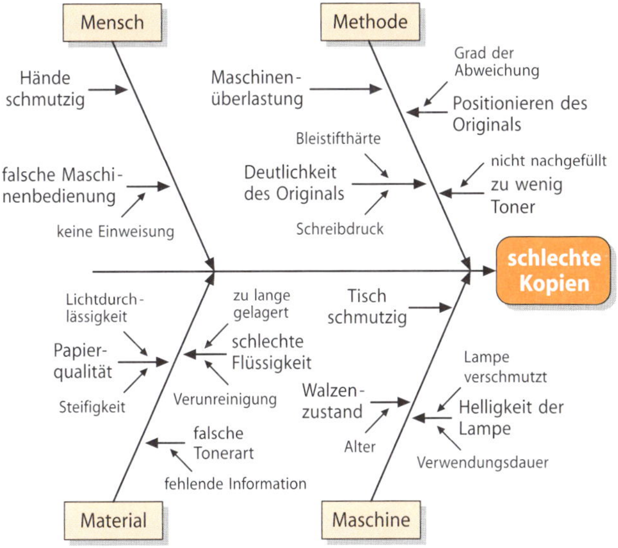

Bild 16: *Ursache-Wirkungs-Diagramm für schlechte Kopierergebnisse*

Es besteht kein Zwang, die 4-M-Methode anzuwenden. Bei der Analyse eines problematischen Prozesses können die Kategorien z. B. aus den Teilschritten des Prozesses gebildet werden. Der Gesamtprozess wird dann als Wirkung in das Diagramm eingetragen.

Besondere Beachtung verdient der Verzweigungsgrad des Diagramms. Ein unverzweigtes Diagramm, in dem nur einige Einzelursachen notiert sind, ist nicht geeignet und erfordert eine weitere Bearbeitung. Aber auch ein zu kompliziertes Diagramm mit zu vielen Verzweigungen und abschweifenden Nebenursachen ist für eine Deutung ungeeignet. Eventuell kann das Problem aufgeteilt und damit das Diagramm vereinfacht werden. Der Moderator und das Team müssen während der gesamten Erstellung auf einen sinnvollen Verzweigungsgrad des Diagramms achten.

VARIATIONEN

Eine gute Hilfe bei der Erstellung eines Ursache-Wirkungs-Diagramms ist der Einsatz von Karten, auf denen die Einzel- und Nebenursachen notiert werden. Die Karten werden auf die Tafel in ein aufgezeichnetes Fischgrätengerüst geheftet. Durch diese Methode können sich in der Diskussion ergebende Änderungen leichter im Diagramm vorgenommen werden.

3 Sieben Managementwerkzeuge (M7)

Die Sieben Managementwerkzeuge (M7) sind ein Bündel von Methoden, die einen Problemlösungsprozess durch die Veranschaulichung und Aufgliederung von Informationen unterstützen. Im Gegensatz zu den Sieben Elementaren Qualitätswerkzeugen (siehe **Q7**) ist es das Ziel der M7, eine Menge von unübersehbaren Informationen vor allem verbaler Art zu ordnen. Dadurch finden die M7 ihre Anwendung überwiegend bei Problemen in der Planungs- und Entwicklungsphase, wo noch kein Zahlenmaterial vorliegt. Die M7 unterstützen die Problemerkennung, das Finden, Ordnen und Bewerten von Lösungen sowie das Umsetzen der Maßnahmen (s. Bild 17).

In der Phase der **Datenanalyse** werden das *Affinitätsdiagramm* und das *Relationendiagramm* zur Veranschaulichung des vorliegenden Problems verwendet. Mit ihrer Hilfe werden Problemzusammenhänge verdeutlicht und weitere Untersuchungsschwerpunkte festgelegt.

In der anschließenden Phase der **Lösungsfindung** werden das *Matrixdiagramm*, das *Baumdiagramm* und das *Portfolio* zur Entwicklung neuer Lösungen benutzt. Mit ihnen lassen sich geeignete Mittel und Maßnahmen zur Problemlösung finden und auf ihre Zielausrichtung hin überprüfen.

In der Phase der **Lösungsumsetzung** wird mit dem *Netzplan* die Reihenfolge und Dauer der notwendigen Vorgänge festgelegt. Mit Hilfe des *Problementscheidungsplans* können schon im Voraus Gegenmaßnahmen für eventuell auftretende Schwierigkeiten ermittelt werden, die bei der Umsetzung auftreten können.

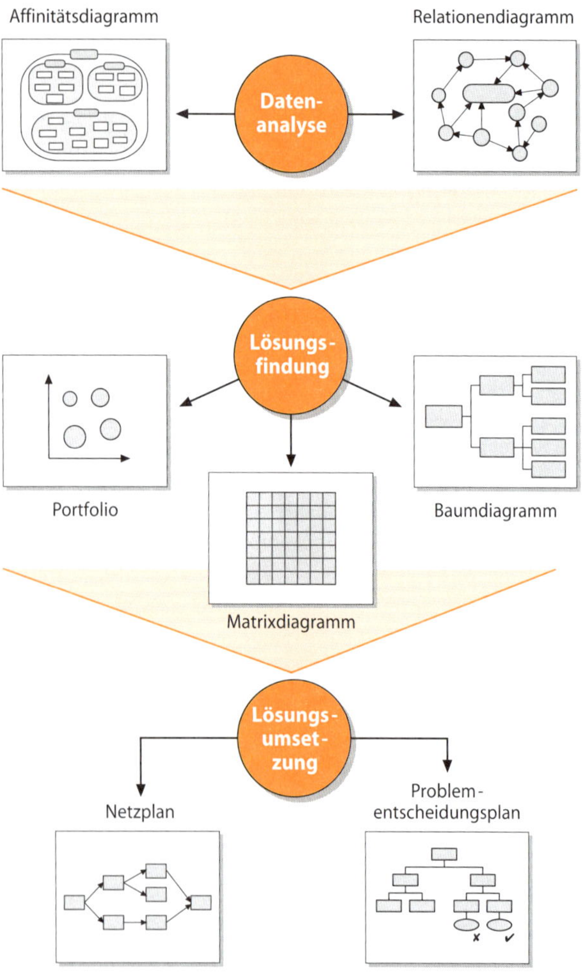

Bild 17: *Überblick über das Zusammenwirken der M7*

Die M7 sind sowohl einzeln als auch in Kombination miteinander anzuwenden, da sie sinnvoll aufeinander aufbauen. Meistens werden sie innerhalb eines Teams eingesetzt, dessen ca. vier bis sieben Mitglieder mit dem zu behandelnden Problem und den angewendeten Techniken vertraut sein müssen. Ein neutraler Moderator sollte die Teamsitzungen leiten.

3.1 Affinitätsdiagramm

WORUM GEHT ES?

Wenn zu einem Thema (These, Frage, Problem o. Ä.) eine große Anzahl von Aussagen vorliegt, sind diese meistens ungeordnet und nur schwer überschaubar. Das Affinitätsdiagramm hilft einem Team, diese Informationen zu verdichten, indem die einzelnen Ideen, Fakten, Meinungen usw. unter Überschriften zusammengefasst werden. Es entsteht so eine geordnete Informationsmenge, die als Grundlage für die weitere Bearbeitung des Themas genutzt werden kann.

WAS BRINGT ES?

Das Affinitätsdiagramm ermöglicht die Ordnung von chaotisch vorliegenden Daten. Daraus ergibt sich ein erstes Verständnis eines neuen oder bisher unübersichtlichen Themas. Es ist möglich, bislang unbekannte Ideen und Zusammenhänge innerhalb des Themas zu finden und neue Lösungsansätze zu erarbeiten. Durch die Gruppierung der Informationen unter Überschriften wird deutlich, was unter den jeweiligen Begriffen in dem Team verstanden wird. Es werden so eventuell bestehende Kommunikationsprobleme beseitigt, da eine einheitlichere „Sprache“ benutzt wird.

WIE GEHE ICH VOR?

Das zu bearbeitende Thema wird zu Beginn in einem verständlichen Satz beschrieben. In der folgenden kreativen Phase werden dann nach den Regeln des Brainstormings (siehe **Brainstorming**) Beiträge, Gedanken, Ideen, Fakten usw. zu diesem Thema gesammelt. Die Ideen werden am besten auf Karten notiert. Auf einer Karte darf nur ein Beitrag stehen. Er sollte ein- oder zweizeilig mit großen, gut lesbaren Buchstaben geschrieben werden. Einzelwörter sind zu vermeiden, besser eignen sich längere Aussagen. Für ein Affinitätsdiagramm sind 40–60 Beiträge normal, aber auch weitaus mehr Beiträge sind möglich. Die Karten werden von einem Moderator eingesammelt, gemischt und dann nacheinander vorgelesen und an die Tafel geheftet. Das gesamte Team bestimmt dabei, welche Karten inhaltlich zusammengehören und zu einer Gruppe, dem so genannten Cluster, zusammengeheftet werden. Das Gruppieren sollte eher gefühlsmäßig und ohne lange Diskussion geschehen. Normal sind fünf bis zehn Cluster unterschiedlicher Größe. Auch einzelne Karten können ein wichtiges Cluster bilden. Sind alle Karten verteilt, können noch Änderungen vorgenommen werden, bis alle Karten eindeutig zugeordnet sind. Große Cluster sollten eventuell noch einmal geteilt werden.

Im nächsten Schritt muss für jedes Cluster eine Überschrift erarbeitet werden, welche die Inhalte aller Karten beschreibt. Die Überschrift sollte ein ganzer Satz oder eine längere Beschreibung sein. Einzelne Schlagwörter können vorhandene Informationen zu leicht verschlucken. Die Überschriften werden auch auf eine Karte geschrieben und über die Kartengruppe geheftet. Zur Verdeutlichung wird jedes Cluster mit einem Stift dick umrahmt. In dem fertigen Affinitätsdiagramm bildet jedes Cluster einen Ansatz oder Gesichtspunkt zu dem gestellten Thema.

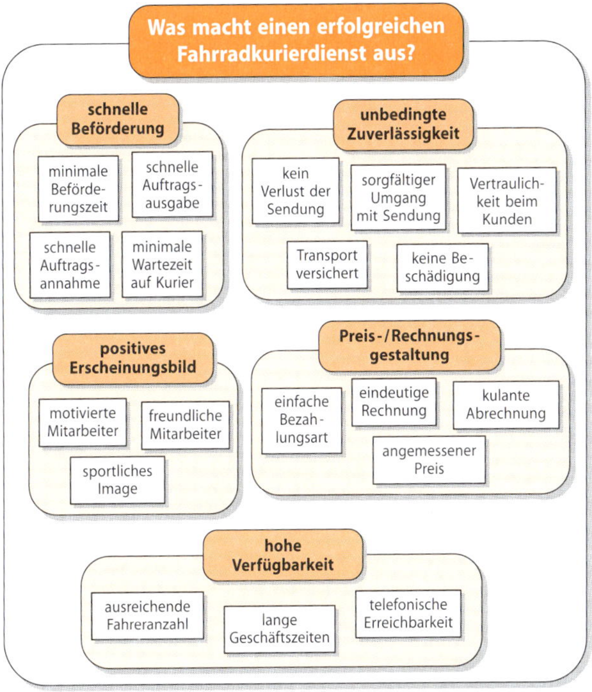

Bild 18: *Affinitätsdiagramm am Beispiel eines Fahrradkurierdienstes*

Für das Finden der geeigneten Überschriften sollte genügend Zeit vorhanden sein. Denn gerade in dieser Diskussion können sich wertvolle neue Ideen und Sichtweisen ergeben, die weiter vertieft werden können.

3.2 Relationendiagramm

WORUM GEHT ES?

Gibt es zu einem Problem mehrere Sichtweisen, Argumente, Fakten usw., bestehen zwischen ihnen häufig Wechselbeziehungen. Mit Hilfe des Relationendiagramms können diese Beziehungen herausgefunden, näher untersucht und bewertet werden. Dadurch werden die wichtigsten Ursachen und Wirkungen eines Problems deutlich. Sie bilden den Ausgangspunkt, um eine Lösung für das vorliegende Problem zu finden.

WAS BRINGT ES?

Das Relationendiagramm bietet eine geordnete Darstellung von Ursache-Wirkungs-Beziehungen zwischen verschiedenen Gesichtspunkten eines Problems. Es können so komplizierte Zusammenhänge aufgezeigt werden. Wichtige Punkte des behandelten Themas werden durch das festgelegte Vorgehen herausgearbeitet und nicht durch den Einfluss einzelner Teammitglieder festgelegt. Dadurch wird erreicht, dass alle Teammitglieder unter den wesentlichen Punkten des Problems das Gleiche verstehen.

WIE GEHE ICH VOR?

Als Erstes wird das Problem in einem für alle verständlichen Satz beschrieben. Dieser wird auf eine Karte geschrieben, die in der Mitte einer Tafel oder an eine Pinnwand angeheftet wird. Daraufhin werden Gesichtspunkte, die mit dem Problem in Beziehung stehen, gesammelt (siehe **Brainstorming**) oder aus Ergebnissen anderer Werkzeuge entnommen (siehe **Affinitätsdiagramm**). Die einzelnen Gesichtspunkte werden ebenfalls auf Karten notiert und an der Tafel angeheftet. Eine Anzahl von 5 bis 25 Karten ist dabei sinnvoll. Um die Karten einfacher weiterbearbeiten zu können, sollten sie deutlich lesbar durchnummeriert werden.

Im zweiten Schritt werden mögliche Beziehungen zwischen den einzelnen Gesichtspunkten ermittelt. Von einer Karte ausgehend wird geprüft, ob sie in einer Beziehung zu einer anderen Karte steht. Am besten werden alle Karten in der Reihenfolge ihrer Nummerierung abgearbeitet, wodurch gesichert ist, dass keine Karte vergessen wird. Sollte ein Einfluss zwischen zwei Karten vorhanden sein, wird ein Pfeil von der Ausgangskarte (Ursache) zu der anderen Karte (Wirkung) gezogen. Ist ein Pfeil in beide Richtungen möglich, muss das Team sich in einer Diskussion für die stärkere Beziehung entscheiden, da nur Pfeile in eine Richtung erlaubt sind.

Nachdem alle Beziehungen diskutiert und eingezeichnet worden sind, ist es oft hilfreich, das entstandene Relationendiagramm noch einmal in übersichtlicher Form abzuzeichnen. Zum Schluss werden zu jeder Karte die ausgehenden und die ankommenden Pfeile gezählt und daneben notiert. Eine hohe Anzahl von ausgehenden Pfeilen deutet auf eine wichtige Ursache des behandelten Problems hin. Diese Ursachen sollten Ansatzpunkte zur weiteren Problemlösung sein. Eine hohe Anzahl von ankommenden Pfeilen verdeutlicht dagegen eine wichtige Wirkung. Sie sollte besonders beachtet werden.

Die in einem Affinitätsdiagramm ermittelten Gruppenüberschriften (siehe **Affinitätsdiagramm**) eignen sich häufig zur weiteren Bearbeitung in einem Relationendiagramm. Die zu einer Gruppe zusammengefassten Beiträge können dabei als Gesichtspunkte im Relationendiagramm wieder auftreten.

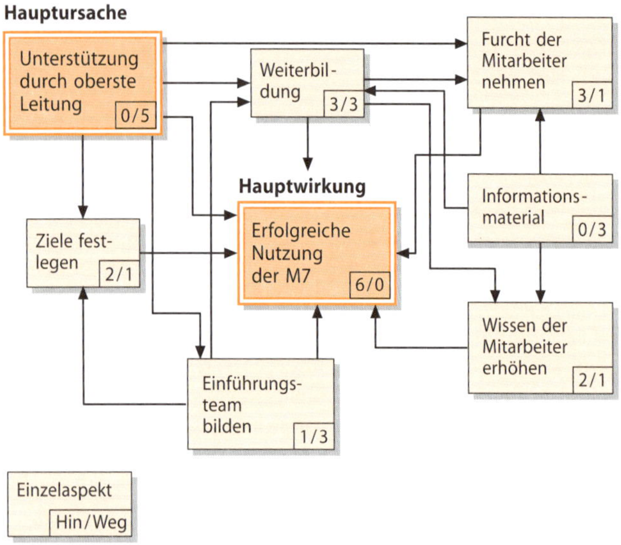

Bild 19: *Relationendiagramm zur Nutzung der M7*

3.3 Baumdiagramm

WORUM GEHT ES?

Mit Hilfe eines Baumdiagramms kann ein Thema in einzelne Punkte untergliedert werden. Häufig wird es aber auch benutzt, um Maßnahmen und Mittel zur Erreichung eines Zieles (z. B. das Lösen eines Problems) zu erarbeiten. Das behandelte Thema oder Ziel wird in einem Baumdiagramm in verschiedenen Ebenen untersucht, wobei die Genauigkeit von Ebene zu Ebene zunimmt.

WAS BRINGT ES?

Mit Hilfe des Baumdiagramms ist es möglich, einzelne Gesichtspunkte eines Themas geordnet darzustellen. Wenn es zur Lösung von Problemen eingesetzt wird, können einzelne Lösungswege aufeinander abgestimmt werden. Durch das festgelegte Vorgehen wird dabei das Risiko vermindert, wichtige Lösungsansätze zu vergessen.

Durch die Zerlegung eines Themas in seine Einzelelemente können mit einem Baumdiagramm auch komplizierte Zusammenhänge verdeutlicht und bearbeitet werden.

WIE GEHE ICH VOR?

Das Thema des Baumdiagramms kann frei gewählt oder ein Ergebnis von vorher eingesetzten Werkzeugen sein. Dafür geeignet sind beispielsweise Hauptursachen/-wirkungen eines Relationendiagramms (siehe **Relationendiagramm**) oder Gruppenüberschriften eines Affinitätsdiagramms (siehe **Affinitätsdiagramm**).

Das Thema wird als Fragestellung oder als zu erreichendes Ziel in einem Satz formuliert, auf eine Karte geschrieben und deutlich sichtbar an eine Tafel oder Pinnwand angeheftet.

Im nächsten Schritt wird die erste Ebene des Baumdiagramms erstellt. Häufig wird die erste Ebene durch eine Auflistung von

- ermittelten Ursachen eines zu lösenden Problems,
- Tätigkeiten, die ein Ziel berühren, oder
- Teilprozessen eines problematischen Gesamtprozesses

gebildet. Die Unterpunkte dieser Ebene werden ebenfalls auf Karten notiert und neben die Zielkarte geheftet. Der Baum kann dabei von rechts nach links oder von oben nach unten aufgebaut werden.

An dieser Stelle muss darauf geachtet werden, dass die erste Ebene noch nicht zu speziell formuliert wird, da jeder Unterpunkt in dieser Ebene noch in weiteren Ebenen genauer beschrieben werden soll.

Im Folgenden wird nun jeder Unterpunkt weiter untersucht, indem die Frage gestellt wird: „Wie kann ich dies erreichen?“ Alle Antworten werden auf Karten notiert und der Baum damit erweitert.

In wie viele Ebenen ein Baumdiagramm unterteilt wird, hängt von der untersuchten Fragestellung ab. Viele Baumdiagramme haben neben dem Oberthema drei weitere Ebenen. Einige Unterpunkte benötigen aber eine genauere, andere dagegen eine weniger genaue Aufgliederung. Wenn das Baumdiagramm zum Lösen von Problemen eingesetzt wird, sollten so viele Ebenen bearbeitet werden, dass auf der untersten Ebene Maßnahmen stehen, die direkt umgesetzt werden können.

Sind alle Karten angeheftet, wird das Baumdiagramm vom Team noch einmal auf Vollständigkeit und logische Richtigkeit („Führt die Maßnahme wirklich zum angegebenen Ziel?“) überprüft und gegebenenfalls verbessert. Ist die Kontrolle abgeschlossen, werden zur Verdeutlichung Verbindungslinien zwischen den Karten eingezeichnet. Abschließend kann eine Bewertung vorgenommen werden, indem z. B. Klebepunkte an die wichtigsten Maßnahmen geklebt werden.

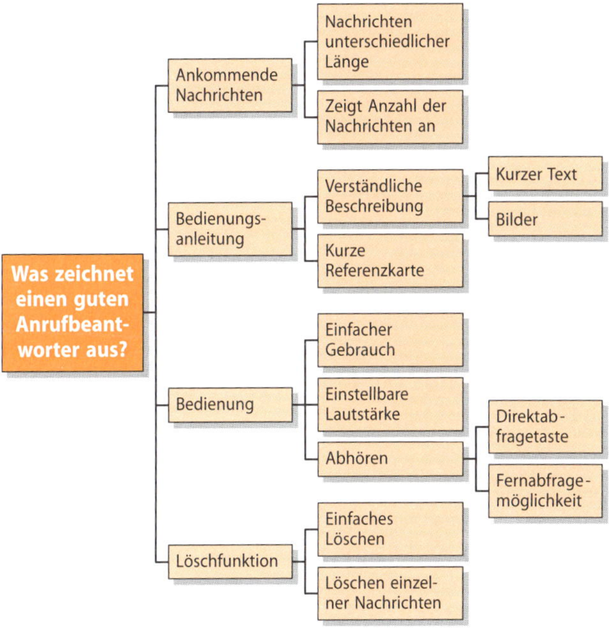

Bild 20: *Baumdiagramm für einen Anrufbeantworter*

Zu beachten ist bei der Erstellung eines Baumdiagramms, dass das Wissen der beteiligten Personen nur für einen bestimmten Genauigkeitsgrad des Baumdiagramms ausreicht. Eventuell muss eine weitere Aufgliederung des Diagramms von anderen Teams erarbeitet werden.

3.4 Matrixdiagramm

WORUM GEHT ES?

Innerhalb eines Themas gibt es meistens mehrere Sichtweisen (Dimensionen). Dies können z. B. verschiedene Problemursachen, Problemauswirkungen, getroffene Maßnahmen, Verantwortlichkeiten, zur Verfügung stehende Ressourcen, zu erledigende Aufgaben oder Teilprozesse sein. Jede Dimension beinhaltet eine Aufzählung einzelner Merkmale. Zwischen den Merkmalen bestehen Wechselbeziehungen, die mit Hilfe eines Matrixdiagramms gefunden und bewertet werden können. In verschiedenen Matrixformen können zwei oder mehr Dimensionen verglichen werden.

WAS BRINGT ES?

Die systematische Auflistung und Bewertung von Wechselbeziehungen zwischen verschiedenen Dimensionen helfen einem Team, ein Thema besser zu verstehen. Gerade komplizierte Verhältnisse, bei denen z. B. eine Maßnahme auf mehrere Ziele einwirkt, eine Ursache verschiedene Wirkungen hat oder für eine Aufgabe unterschiedlich starke Verantwortungen bestehen, können aufgezeigt werden. Je nach den gewählten Dimensionen lassen sich dann aus dem Matrixdiagramm Themenschwerpunkte, Handlungsanweisungen, Verantwortlichkeiten o. Ä. ableiten. Durch das gemeinsame Erarbeiten des Diagramms werden Entscheidungen in einem Team besser akzeptiert.

WIE GEHE ICH VOR?

Zuerst muss festgelegt werden, welche Sichtweisen bzw. Dimensionen eines Themas verglichen werden sollen. Typische Vergleiche in einem Matrixdiagramm sind Aufgaben/Verantwortlichkeiten, Fehlerursache/Fehlerwirkung/Gegenmaßnahmen oder Teilprozesse/verfügbare Mittel. Es können bis zu vier Dimensionen ausgewählt werden, von denen jeweils zwei miteinander verglichen werden sollen. Abhängig von der Anzahl der Dimensionen und der geplanten Vergleiche wird dann die geeignete Matrixform ausgewählt. Am gebräuchlichsten ist die L-Matrix für einen Vergleich von zwei Dimensionen und die T-Matrix für einen Vergleich von zwei Dimensionen mit einer dritten. Daneben gibt es noch die Y-Matrix für einen Vergleich von drei und die X-Matrix für einen Vergleich von vier Dimensionen untereinander.

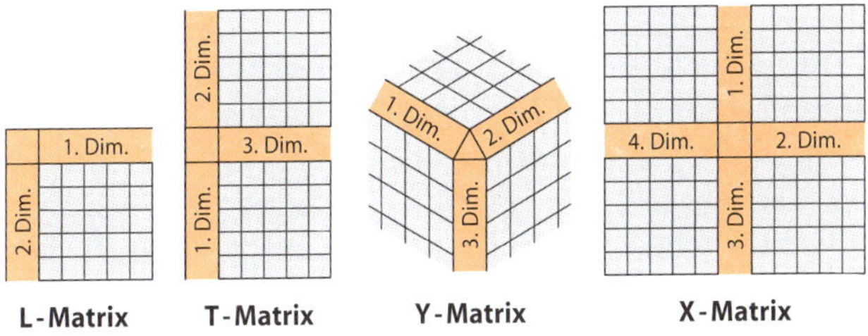

Bild 21: *Matrixformen für bis zu vier Dimensionen*

Jede Dimension wird durch einzelne Merkmale beschrieben. Diese können entweder neu gesammelt (siehe **Brainstorming**) oder aus Ergebnissen anderer Werkzeuge entnommen werden, wie z. B. der untersten Ebene eines Baumdiagramms (siehe **Baumdiagramm**). Die gewählte Matrixform wird dann an einer Tafel oder Ähnlichem angezeichnet, und die Merkmale werden entsprechend eingetragen.

Jede Zelle der Matrix, die aus Spalten und Zeilen gebildet wird, stellt eine mögliche Beziehung zwischen zwei Merkmalen dar. Es muss nun für jede Zelle geprüft werden, ob eine Beziehung besteht. Ist dies der Fall, wird die Beziehung bewertet und in die Zelle eine entsprechende Zahl oder ein Symbol eingetragen. Wenn Symbole verwendet werden, muss ihre Bedeutung vorher vom Team eindeutig festgelegt worden sein. Die Möglichkeiten sind dabei vielfältig, z. B.:

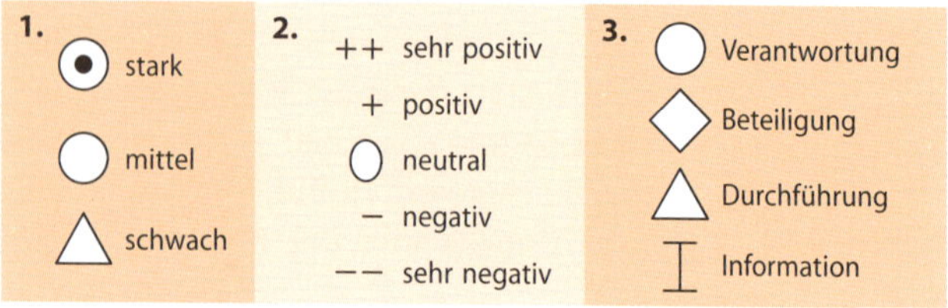

Es ist darauf zu achten, dass jede Zelle für sich beurteilt und nicht bewusst ein bestimmtes Symbolschema erzeugt wird. Das von allein entstehende Muster lässt Rückschlüsse und Deutungen zu. In einigen Fällen ist es zusätzlich sinnvoll, die Symbole mit Zahlen zu bewerten und dann für jede Zeile und Spalte eine Summe zu berechnen, die eine weitere Information darstellt.

Es sollten nicht zu viele Merkmale einer Dimension untersucht werden (max. 20), da sonst die Übersichtlichkeit leidet. Außerdem steigt der Arbeitsaufwand sehr schnell stark an. So sind z. B. bei einer L-Matrix mit je zehn Merkmalen schon 100 Beziehungen zu überprüfen.

Werden mit dem Matrixdiagramm Verantwortlichkeiten verteilt, sollte für jede Aufgabe nur ein Hauptverantwortlicher eingetragen werden, da es sonst zu Kompetenzschwierigkeiten kommen kann.

Ziele / Funktionsbereiche — Q.-Techniken	QFD	FMEA	SPR	SVP	Q7	M7
Kundenanforderungen umsetzen	●	○				○
mögliche Fehler im Vorfeld untersuchen		●				○
geordnetes Vorgehen zum Beseitigen von Fehlern		●	○	●	●	●
Verbesserung der Dokumentation	●	○	●		●	●
...						
Ziele / **Funktionsbereiche** — **Q.-Techniken**	**QFD**	**FMEA**	**SPR**	**SVP**	**Q7**	**M7**
Entwicklung	○	⊙	▽	▽	○	○
Fertigung	○	○	⊙	○	⊙	▽
Fertigungsplanung	▽	▽	○		○	○
Qualitätswesen	○	○	○	⊙	○	⊙
Vertrieb	⊙			▽	○	○
...						

○ schwache Unterstützung
● starke Unterstützung

⊙ verantwortlich
○ immer beteiligt
▽ im Einzelfall beteiligt

Tab. 8: *T-Matrix zum Einsatz von Qualitätstechniken*

3.5 Portfolio

WORUM GEHT ES?

In einem Portfolio werden mehrere Objekte qualitativ gegenübergestellt. Die Objekte werden dabei nach zwei Kriterien (Dimensionen) bewertet und in ein Achsenkreuz eingetragen. Aus der Darstellung lassen sich z. B. die Ist-Situation, Entwicklungsmöglichkeiten und angestrebte Ziele für ein Vorhaben ableiten. Häufig findet das Portfolio Anwendung bei einem Unternehmens- oder einem Produktvergleich.

WAS BRINGT ES?

Das Portfolio ermöglicht einem Team, eine große Menge an Daten zu verdichten und überschaubar darzustellen. Es kann so als bildliche Unterstützung der Diskussion dienen. Aus der Darstellung können die Zusammenhänge von zwei Dimensionen eines Objektes sowie die Verhältnisse zwischen den Objekten abgelesen werden. Es können daraus z. B. neue Ziele für Produktentwicklungen abgeleitet werden.

WIE GEHE ICH VOR?

Zu Beginn werden die Objekte festgelegt, die miteinander verglichen werden sollen. Für die typischen Anwendungen sind dies z. B. das eigene Unternehmen und mehrere Konkurrenzunternehmen, das eigene Produkt und mehrere Konkurrenzprodukte oder mehrere Produkte der eigenen Produktpalette. Aber auch andere Objekte können verglichen werden, so z. B. Personen, Orte oder Maßnahmen. Wenn die Objekte ausgewählt sind, müssen die zwei Kriterien festgelegt werden, nach denen die Objekte beurteilt werden sollen. Das können bei einem Produktvergleich z. B. Preis, Qualität, verschiedene Funktionseigenschaften oder Wettbewerbsvorteile sein. Bei einem Unternehmensvergleich eignen sich z. B. Leistung, Marktanteil, Marktwachstum, Umsatz, Rendite oder Mitarbeiterzahl. Für die zwei gewählten Kriterien werden dann jeweils die Maßgröße und deren Berechnungsweise eindeutig bestimmt. Die Maßgrößen können sich aus einer Vielzahl von Einzeldaten zusammensetzen. Es ist aber auch möglich, einen qualitativen Maßstab zu wählen, wie z. B. „hoch – mittel – niedrig".

Für jedes untersuchte Objekt werden nun die beiden Maßgrößen ermittelt. Liegen die Daten nicht vor, z. B. über Konkurrenzunternehmen, müssen die Größen geschätzt werden.

Aus den beiden Kriterien wird ein Achsenkreuz gebildet, in das alle Objekte entsprechend der ermittelten Werte eingetragen werden. Hierbei besteht die Möglichkeit, durch verschieden große Symbole ein drittes Kriterium in das Portfolio einzuzeichnen. Bei Produkt- oder Unternehmensvergleichen wird z. B. häufig der Umsatz oder Marktanteil durch unterschiedlich große Kreise dargestellt.

Zur besseren Übersicht im Portfolio besteht die Möglichkeit, das Achsenkreuz in verschiedene Felder zu unterteilen. Jedes Feld kann dann eine spezielle Handlungsweise darstellen.

Aus der Lage der einzelnen Objekte zueinander können nun im fertigen Portfolio Rückschlüsse auf die bestehende Situation gemacht werden. Außerdem können Ziele festgelegt und angestrebte neue Positionen zur Verdeutlichung gekennzeichnet werden.

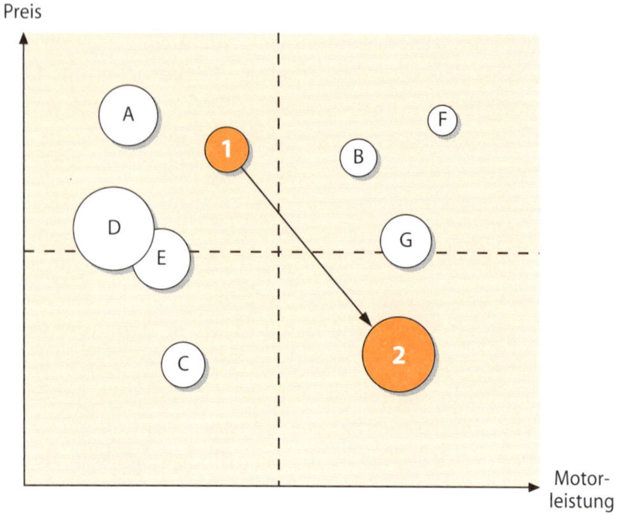

A-G: Konkurrenzunternehmen
1: momentaner Zustand des eigenen Unternehmens
2: angestrebter Zustand des eigenen Unternehmens
Die Kreisgröße gibt den Umsatz des jeweiligen Unternehmens wieder.

Bild 22: *Analyse des Automarktes mit Hilfe eines Portfolios*

3.6 Netzplan

WORUM GEHT ES?

In einem Netzplan wird der zeitliche Verlauf eines Projektes, das aus einzelnen Vorgängen besteht, übersichtlich dargestellt. Die einzelnen Vorgänge werden so miteinander verknüpft, dass zeitkritische Zusammenhänge und gegenseitige Abhängigkeiten sichtbar werden. Der Netzplan ermöglicht dadurch die Planung von Projekten jeder Größe und die Überwachung ihrer Durchführung.

WAS BRINGT ES?

Aus der Darstellung eines Projektes in einem Netzplan lassen sich die Gesamtdauer des Projektes, der Zeitbedarf der einzelnen Vorgänge sowie deren Anfangszeitpunkte ablesen. Die dargestellte Reihenfolge der Vorgänge gibt wieder, welche Vorgänge parallel und welche nur nacheinander stattfinden können. Ebenso wird deutlich, inwieweit Vorgänge zeitlich verschoben werden können, ohne die Gesamtdauer zu verlängern. Alle Vorgänge, die nicht verschoben werden können, bilden den „kritischen Pfad" des Projektes.

Der Netzplan verdeutlicht allen Personen, die an der Durchführung dieser kritischen Vorgänge beteiligt sind, wie wichtig die Einhaltung der Zeitvorgaben ist. Die kritischen Vorgänge bilden Ansatzpunkte, um die Gesamtdauer des Projektes zu verkürzen.

WIE GEHE ICH VOR?

Zuerst werden alle für das Erreichen des Projektzieles notwendigen Vorgänge gesammelt oder aus vorhandenen Dokumenten entnommen. Vorgänge beinhalten dabei keine einzelnen Handgriffe, sondern in sich abgeschlossene Teilaufgaben oder Tätigkeiten. Jeder Vorgang wird auf einer Karte notiert. Zusätzlich wird eine Startkarte erstellt. Sie wird als Netzplananfang auf der linken Seite einer Tafel angeheftet.

In einem ersten Schritt werden dann alle Vorgänge ermittelt, die zu Beginn des Projektes stattfinden können, ohne dass andere Vorgänge schon beendet sein müssen. Die entsprechenden Karten werden rechts neben dem Projektstart untereinander angeheftet (Bild 23, A). In einem nächsten Schritt werden alle Vorgänge ermittelt, die stattfinden können, wenn die bereits angehefteten Vorgänge beendet worden sind. Diese Karten werden rechts vom bisher erstellten Netzplan wieder untereinander angeheftet (Bild 23, B). Dieser Schritt wird so lange wiederholt, bis alle Vorgänge angeheftet worden sind. Das Projektende wird rechts neben den anderen Karten durch eine eigene Karte markiert.

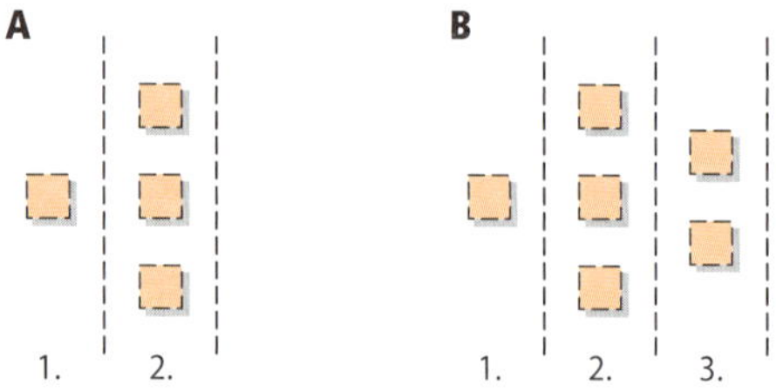

Bild 23: *Netzplan*

Beginnend beim Projektstart werden nun Verbindungspfeile zwischen den Vorgängen eingezeichnet, zwischen denen eine direkte Vorgänger-Nachfolger-Beziehung besteht. D. h. es werden zwei Vorgänge dann verbunden, wenn der eine Vorgang beendet sein muss, bevor der andere beginnt (Bild 24). Überschneidungen der Pfeile sollten vermieden werden, gegebenenfalls müssen daher Karten umsortiert werden.

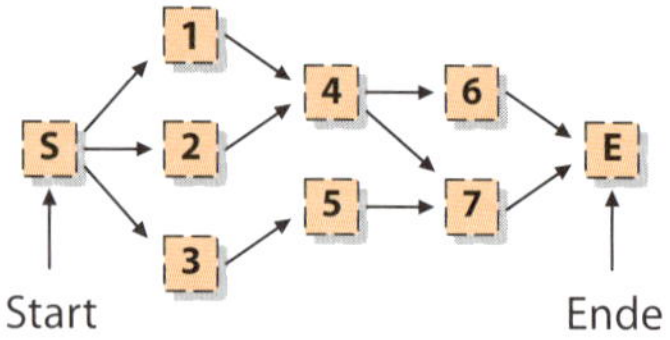

Bild 24: *Verbindungen zwischen den Vorgängen eines Projektes*

Anschließend werden alle Vorgänge durchnummeriert und eine realistische Schätzung der einzelnen Vorgangsdauern auf den entsprechenden Karten notiert. Die Vorgangsdauern müssen alle in der gleichen Zeiteinheit gemessen sein.

Um den „kritischen Pfad“ zu ermitteln, werden auf der linken Seite beginnend von jedem Vorgang der früheste Anfangszeitpunkt (FAZ) und der früheste Endzeitpunkt (FEZ) berechnet.

Beispiel (siehe Bild 25): Der FAZ des Vorgangs „Seminarraum reservieren“ ist *1*, da erst der Vorgang „Termin festlegen“ abgeschlossen sein muss. Der FEZ ist dann *1* plus die Dauer des Vorgangs, also in diesem Fall *3*.

Wenn alle FAZ und FEZ berechnet sind, wird von rechts nach links zurückgerechnet, um die spätesten Endzeitpunkte (SEZ) und die spätesten Anfangszeitpunkte (SAZ) für jeden Vorgang zu berechnen.

Beispiel (siehe Bild 25): Der SEZ des Vorgangs „Seminarraum reservieren“ ist *10*, da erst dann der Vorgang „Einladung verschicken“ anfangen muss. Der SAZ ist dann *10* minus Dauer des Vorgangs, also in diesem Fall *8*.

Alle errechneten Zeitpunkte werden auf den Karten notiert. Für den Projektstart sind alle Zeitpunkte gleich null. Beim Projektende sind alle Zeitpunkte gleich dem FEZ des Projektendes, der auch die Gesamtdauer des Projektes darstellt. Die Berechnungsvorschriften sind im Einzelnen:

<table>
<tr><td colspan="3">vollständiger Vorgang</td></tr>
<tr><td>NR.</td><td colspan="2">Vorgangs-
beschreibung</td></tr>
<tr><td rowspan="2">Vorgangs-
dauer</td><td>FAZ</td><td>FEZ</td></tr>
<tr><td>SAZ</td><td>SEZ</td></tr>
</table>

FAZ = der höchste FEZ von allen direkten Vorgängern
FEZ = FAZ + Vorgangsdauer
SEZ = der niedrigste SAZ von allen direkten Nachfolgern
SAZ = SEZ – Vorgangsdauer

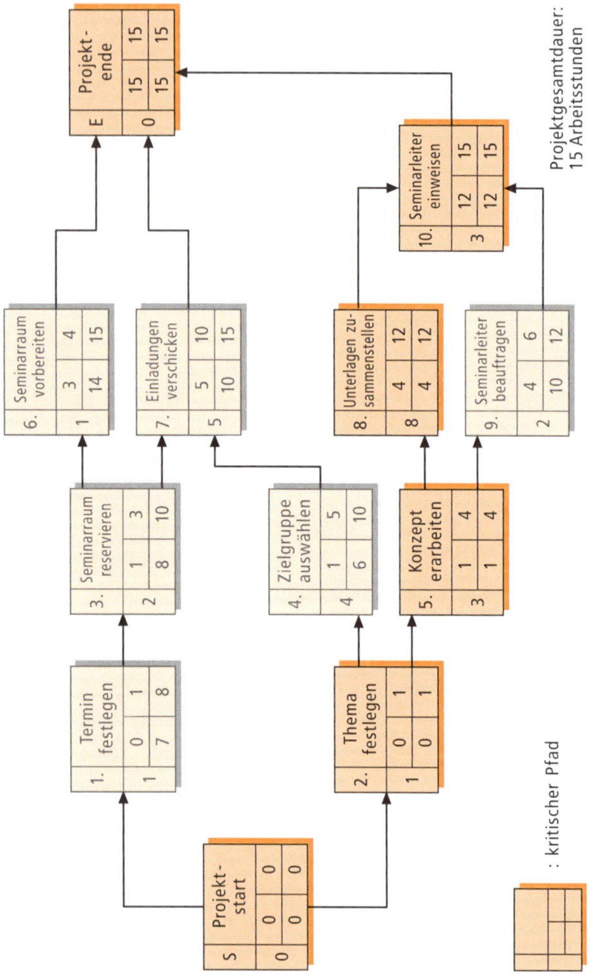

Bild 25: *Netzplan am Beispiel einer Vorbereitung eines Seminars*

Auf dem kritischen Pfad liegen alle Vorgänge, für die gilt: FAZ = SAZ und FEZ = SEZ. Um den kritischen Pfad optisch hervorzuheben, kann er z. B. durch einen Rahmen besonders markiert werden.

Sollten sich Verlängerungen oder Verkürzungen der Vorgänge auf dem kritischen Pfad ergeben, dann hat dies einen direkten Einfluss auf die Gesamtdauer des Projektes. Bei allen anderen (nicht kritischen) Vorgängen kann der Anfangszeitpunkt jeweils zwischen dem FAZ und dem SAZ verschoben werden, ohne dass sich das Projektende verschiebt. Mit Hilfe dieser Informationen können Engpässe vermieden und die vorhandenen Mittel optimal eingeteilt werden.

3.7 Problementscheidungsplan

WORUM GEHT ES?

Bei jeder Art von Vorhaben oder Projekten können Probleme oder Fehler auftreten. Mit dem Problementscheidungsplan werden daher schon im Voraus mögliche Schwierigkeiten gesammelt und mögliche Gegenmaßnahmen festgelegt. Die grafische Darstellung der Zusammenhänge ermöglicht einen schnellen Überblick über das notwendige Vorgehen.

WAS BRINGT ES?

Durch das Beachten von möglichen Problemen bereits in der Planungsphase kann ein Ziel auch bei ungünstigen Umständen erreicht werden. Gegenmaßnahmen können in Ruhe erarbeitet, bewertet und ausgewählt werden. Sie stehen dann beim Auftreten eines Problems bereits fest. Eventuell notwendige Vorbereitungen für Gegenmaßnahmen können frühzeitig eingeleitet werden. Anhand des Problementscheidungsplans ist es außerdem möglich, Verantwortlichkeiten festzulegen.

WIE GEHE ICH VOR?

Im ersten Schritt werden das Ziel, das erreicht werden soll, und die dafür notwendigen Tätigkeiten festgelegt. Im Allgemeinen werden sie aus einem Baumdiagramm (siehe **Baumdiagramm**) übernommen. Auch der Problementscheidungsplan hat eine Baumstruktur, die z. B. an einer Tafel aufgezeichnet oder mit Hilfe von Karten erstellt werden kann. In der ersten Verzweigungsebene des Baumes werden die Tätigkeiten in ihrer logischen bzw. zeitlichen Reihenfolge eingetragen. Im Team werden dann mit Hilfe eines Brainstormings (siehe **Brainstorming**) zu jeder Tätigkeit bzw. jedem Vorgang Probleme gesammelt, die möglicherweise auftreten können. Sie werden als zweite Ebene in den Baum eingetragen. Danach erarbeitet das Team in einem weiteren Brainstorming zu jedem möglichen Problem eine oder mehrere Gegenmaßnahmen. Sie bilden die dritte Baumebene. In einer anschließenden Diskussion werden alle Maßnahmen, die zur Lösung eines Problems gefunden wurden, bewertet und die geeignetste ausgewählt. Mit Hilfe von Symbolen kann die Auswahl noch verdeutlicht werden.

VARIATIONEN

Der Problementscheidungsplan kann auch in Form eines Textes erstellt werden. Dabei werden die Tätigkeiten, Probleme und Gegenmaßnahmen mit Worten beschrieben. Durch die Verwendung einer geeigneten Gliederung und Durchnummerierung kann im Einzelfall die Textversion übersichtlicher sein als die grafische Darstellung.

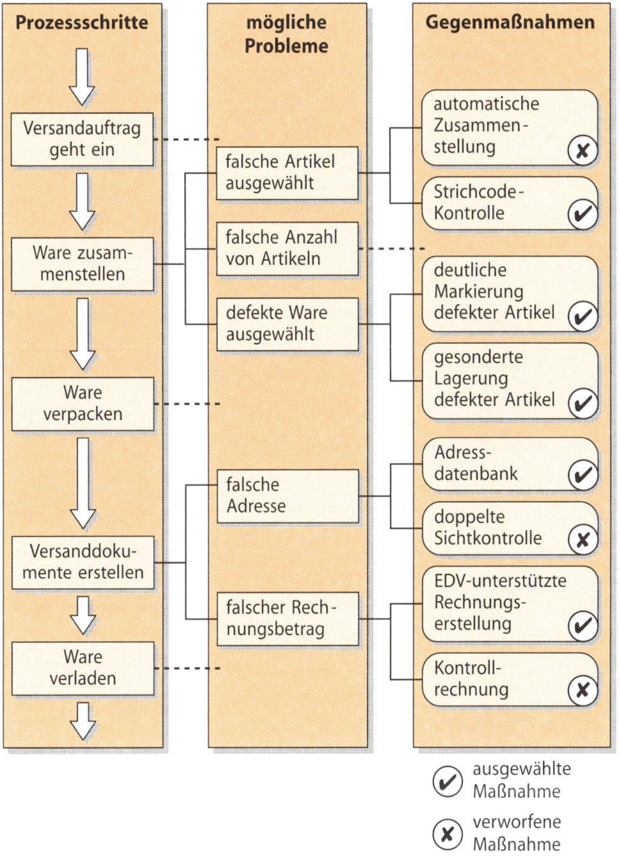

Bild 26: *Problementscheidungsplan am Beispiel eines Versandvorganges*

4 Qualitätsfunktionen-Darstellung (QFD)

WORUM GEHT ES?

In der Planungsphase wird weitgehend die Qualität eines Produktes oder einer Dienstleistung festgelegt. Daher ist es gerade hier notwendig, die Kundenwünsche genau in Produktmerkmale umzusetzen. Diese Aufgabe wird durch die Qualitätsfunktionen-Darstellung (Quality Function Deployment, QFD) unterstützt. Mit Hilfe dieser Kommunikations- und Planungsmethode ist es möglich, gezielt die Kundenanforderungen *(Stimme des Kunden)* in technische Merkmale *(Sprache der Ingenieure)* zu übersetzen. In einer ersten Phase werden die Kundenanforderungen in messbare Produktmerkmale umgesetzt. In drei weiteren Phasen werden daraus Konstruktions- und Prozessmerkmale erarbeitet sowie Arbeits- und Prüfanweisungen festgelegt. Um ein geordnetes Vorgehen zu sichern und zur grafischen Veranschaulichung wird in jeder Phase ein Qualitätshaus (House of Quality, HoQ) erstellt. Dies ist eine umfassende Beziehungsmatrix (siehe **Matrixdiagramm**), die aus einzelnen *Zimmern* besteht, die nacheinander ausgefüllt werden.

WAS BRINGT ES?

Durch die Anwendung der QFD in der Planungsphase werden die Anforderungen an Produkte und Prozesse genau ermittelt, so dass das Endprodukt den Kundenwünschen wirklich entspricht. Die Bedeutung der ermittelten Produktmerkmale wird bewertet, und kritische Merkmale werden sichtbar. Die Ergebnisse dienen dann als Grundlage für die

Erstellung von Arbeits- und Prüfplänen. Die Qualitätsforderungen werden so vom Kunden bis zum Maschinenbediener durchgängig berücksichtigt. Qualität wird somit vom Unternehmen bewusst nach den Anforderungen des Marktes geplant. Dies führt zu einer starken Kundenorientierung und verringert die Gefahr von Fehlentwicklungen.

Zu Beginn des Entwicklungsprozesses erhöht sich durch die QFD der Arbeitsaufwand. Durch die frühe Einbeziehung der Kundenanforderungen werden jedoch in den späteren Entwicklungsphasen aufwändige Änderungen und Korrekturen vermieden, wodurch sich die Entwicklungszeit insgesamt verkürzt. Ebenso verringern sich die Entwicklungs- und Anlaufkosten eines neuen Produktes.

Durch die Arbeit in einem fachübergreifenden Team wird die Kommunikation zwischen den einzelnen Bereichen erheblich verbessert. Fachübergreifendes und prozessorientiertes Denken der Mitarbeiter wird gefördert. Die übersichtliche Darstellung der Ergebnisse im HoQ erleichtert darüber hinaus die Dokumentation.

WIE GEHE ICH VOR?

Die QFD wird in einem Team durchgeführt, das aus höchstens fünf bis acht Mitgliedern besteht. Darin sollten Marketing, Konstruktion, Qualitätswesen, Fertigung und Service, im Einzelfall auch noch weitere Fachgebiete vertreten sein. Ein mit der QFD gut vertrauter Moderator leitet die QFD-Sitzung.

Die QFD besteht aus vier aufeinander aufbauenden Phasen. In jeder Phase wird der Frage: *WAS wird gefordert?* die Frage: *WIE werden die Forderungen erfüllt?* gegenübergestellt. Das WIE (Ergebnis) einer Phase dient der nächsten Phase als WAS (Eingangsdaten).

In der ersten Phase, dem *Qualitätsplan Produkt*, werden Kundenanforderungen (WAS) Produktmerkmalen/Designanforderungen (WIE) gegenübergestellt.

In der zweiten Phase, dem *Qualitätsplan Konstruktion/Teile*, werden die kritischen Produktmerkmale (WAS) in Qualitätsmerkmale einzelner Baugruppen oder Teile (WIE) umgesetzt.

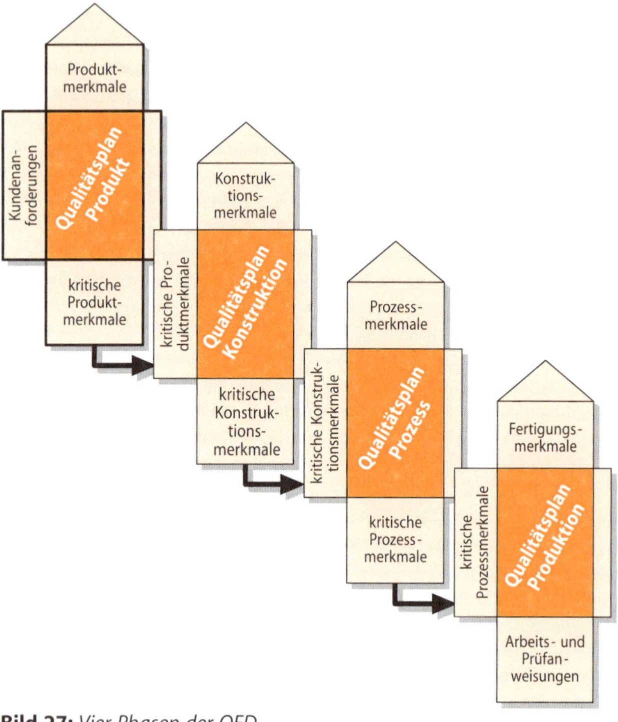

Bild 27: *Vier Phasen der QFD*

Im folgenden *Qualitätsplan Prozess* werden aus den kritischen Baugruppenmerkmalen (WAS) Prozessmerkmale und -parameter für Prozess- und Prüfablaufpläne (WIE) ermittelt.

In der letzten Phase, dem *Qualitätsplan Produktion*, werden schließlich die kritischen Prozessmerkmale (WAS) in Arbeits- und Prüfanweisungen (WIE) übertragen.

Da die Erstellung aller vier Qualitätspläne sehr aufwändig ist, ist es im Einzelfall möglich, nur die Pläne zu erstellen, bei denen bisher Umsetzungsprobleme bestanden haben. So wird häufig nur die erste Phase durchgeführt, da die Übersetzung der Kundenanforderungen in Produktmerkmale oft die größten Schwierigkeiten bereitet. Im Folgenden wird daher exemplarisch ein HoQ für den Qualitätsplan Produkt erstellt. Für die anderen Qualitätspläne wird das HoQ in der gleichen Weise erarbeitet (Bild 28).

Kundenanforderungen ermitteln ①

Als Grundlage des HoQ und damit als wichtigster Schritt werden die Kundenanforderungen aufgelistet. Dabei ist es notwendig, ein genaues Bild des angestrebten Kundenkreises zu beschreiben und festzulegen. Die dazu benötigten Informationen müssen mit Hilfe von Marktanalysen, Kundenbefragungen, Vertriebs- und Serviceerfahrungen, Händlerhinweisen usw. beschafft werden. Auch die direkte Beteiligung von Kundenvertretern an der QFD-Sitzung ist denkbar. Die daraus ermittelten Kundenwünsche werden in das HoQ eingetragen, wobei bewusst die Ausdrucksweise der Kunden beibehalten werden soll, wie z. B.:

„Das Getriebe soll leise sein.“
„Das Auto soll sportlich aussehen.“
„Der Füller soll lange schreiben.“
„Der Fernseher soll preiswert sein.“

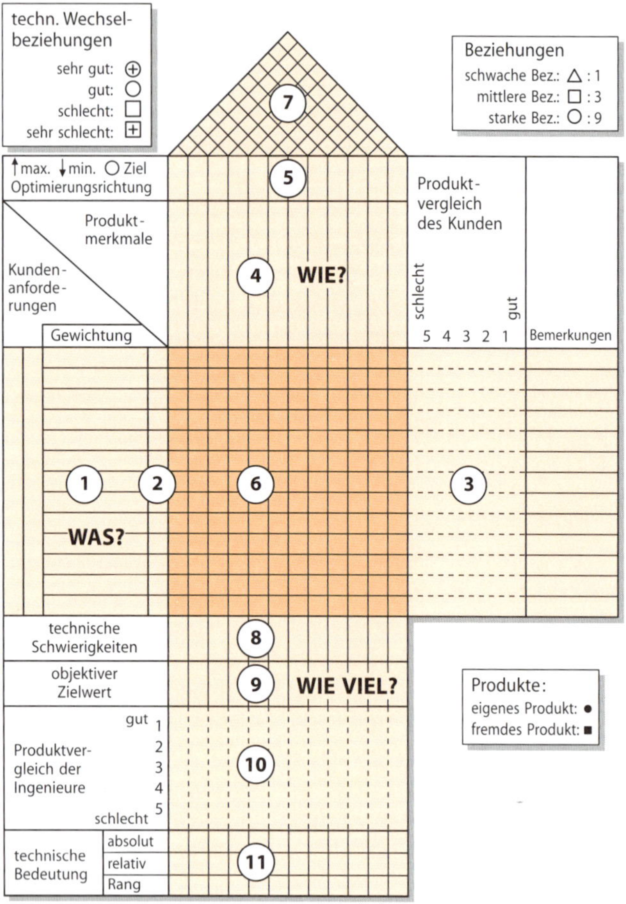

Bild 28: *House of Quality*

Für eine bessere Übersichtlichkeit ist es eventuell sinnvoll, die einzelnen Anforderungen nach Oberbegriffen zu ordnen. Es sollten nicht mehr als 20 Anforderungen aufgelistet werden, da die Matrix ansonsten zu groß wird.

Bewertung der Kundenanforderungen ②

Nicht alle Anforderungen haben für den Kunden die gleiche Bedeutung. Einige haben sogar gegensätzliche Zielsetzungen. Daher werden die Kundenanforderungen auf einer Skala von 1 („für Kunden eher unwichtig") bis 10 („für den Kunden sehr wichtig") gewichtet.

Produktvergleich aus Kundensicht ③

Um die Vorteile des eigenen Produktes besser einschätzen zu können, wird es aus Kundensicht mit den wichtigsten Konkurrenzprodukten verglichen. Dazu wird jedes Produkt hinsichtlich jeder Kundenanforderung beurteilt. Die Beurteilung wird mit Hilfe von Symbolen auf einer Skala eingetragen. Wichtig ist dabei, dass die Produkte auf Grund der vom Kunden wahrgenommenen Eigenschaften beurteilt werden und nicht auf Grund des technischen Wissens der Ingenieure. Am besten wird dieser Vergleich vom Kunden selbst erstellt. Häufig ist dies aber nicht möglich, so dass andere Informationsquellen (Marktanalyse, Befragungen u. Ä.) benutzt werden müssen. Als Ergebnis erhält man ein Stärken-Schwächen-Profil des eigenen Produktes. Es lassen sich daraus Verbesserungsmöglichkeiten, aber auch schon bestehende Wettbewerbsvorteile ablesen.

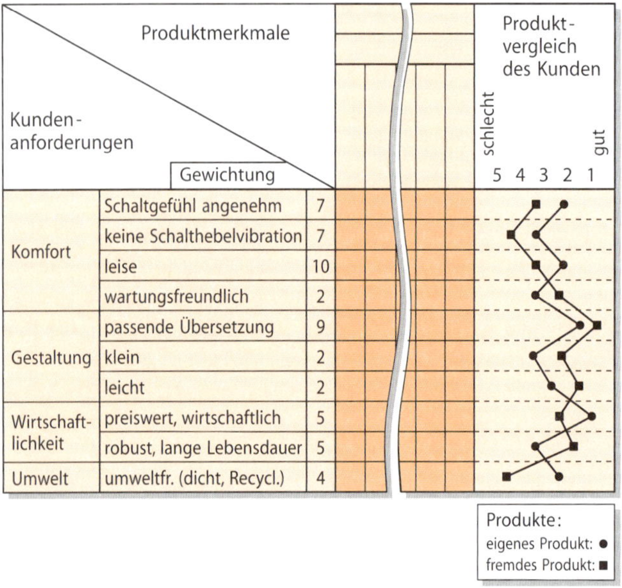

Bild 29: *Kundenspezifische Achse einer QFD (Qualitätsplan Produkt) für ein Getriebe*

Produktmerkmale ermitteln ④

Nachdem nun die kundenorientierte Achse vollständig bearbeitet wurde, wird das Produkt aus Ingenieursicht betrachtet und durch Produktanforderungen beschrieben. D. h. es sollen die technischen Produktmerkmale zusammengetragen werden, die geeignet sind, die Kundenanforderungen zu erfüllen. Eine Möglichkeit, diese technischen Merkmale zu finden, kann der Versuch sein, die Kundenanforderungen in messbare Größen umzuformulieren. Auch bei der so entstehenden Auflistung kann es sinnvoll sein, die Produktmerkmale nach Oberbegriffen zu ordnen. Wird ein technisches Merkmal gefunden, das keine Kundenanforderung trifft, ist es entweder für die Betrachtung unwichtig, oder eine wichtige Kundenanforderung wurde vergessen.

Optimierungsrichtung festlegen ⑤

Jedem ermittelten Produktmerkmal wird eine Optimierungsrichtung zugeordnet. Sie gibt an, wie das Merkmal verändert werden muss, um es zu verbessern. Muss es vergrößert werden, wird ein Pfeil nach oben, muss es verkleinert werden, ein Pfeil nach unten eingezeichnet. Ein Kreis zeigt an, dass ein konkreter Zielwert oder -bereich erreicht werden muss.

Beziehungsmatrix erstellen ⑥

Als Kern des HoQ entsteht eine Beziehungsmatrix, die den Zusammenhang zwischen Kundenanforderungen und Produktmerkmalen wiedergibt. Für jedes Feld wird überprüft, ob das Produktmerkmal einen Einfluss auf die jeweilige Kundenanforderung hat. Ist das der Fall, wird eine Bewertung vorgenommen und die Beziehung mit einem Symbol in der Matrix festgehalten.

An Hand der fertigen Matrix kann überprüft werden, ob alle Kundenanforderungen durch Produktmerkmale erfüllt werden. Die stark gewichteten Kundenanforderungen müssen dabei in einer starken Beziehung zu Produktmerkmalen stehen. Wird dies nicht beachtet, erfüllt der Produktentwurf schon jetzt nicht alle Kundenanforderungen.

Technische Wechselbeziehungen bestimmen ⑦

Die Produktmerkmale können sich gegenseitig beeinflussen und sogar widersprechen. Im *Dach* eines HoQ werden diese Wechselbeziehungen festgehalten. Jedes Produktmerkmal wird dazu unter Berücksichtigung der Optimierungsrichtungen mit jedem anderen Produktmerkmal ins Verhältnis gesetzt. Eine positive Beziehung besteht dann, wenn durch die Verbesserung des einen Merkmales das andere Merkmal auch verbessert wird *(Zielharmonie)*. Eine negative Beziehung besteht, wenn durch die Verbesserung des einen Merkmales das andere Merkmal verschlechtert wird *(Zielkonflikt)*. Besteht keine Beziehung, spricht man von *Zielneutralität*. Die bestehenden Beziehungen werden mit Symbolen in die Matrix eingetragen. Aus dem Ergebnis lassen sich die Folgen einer technischen Änderung abschätzen. Vor- und Nachteile von verschiedenen Lösungen können unter Berücksichtigung der Kundenorientierung gegeneinander abgewogen werden.

Technische Schwierigkeiten bewerten ⑧

Die ermittelten Produktanforderungen sind unterschiedlich leicht zu erfüllen. Um mögliche Schwierigkeiten bei der Umsetzung abschätzen zu können, werden sie daher hinsichtlich ihrer technischen Umsetzbarkeit bewertet. Die Bewertungsskala reicht von 1 („sehr leicht erreichbar“) bis 10 („sehr schwer, fast gar nicht erreichbar“).

Zielwerte festlegen ⑨

Für jedes Produktmerkmal wird eine Maßgröße bestimmt, die jeweils das Produktmerkmal genau beschreibt. Als Zielwert wird ein konkreter Wert festgelegt. Die aus den

Kundenanforderungen entwickelten Produktmerkmale können dadurch direkt mit Kenngrößen gemessen und kontrolliert werden.

Produktvergleich aus Ingenieursicht ⑩

Analog zu Schritt 3 wird nun ein Produktvergleich aus technischer Sicht durchgeführt. Dazu werden bei den Konkurrenzprodukten die Produktmerkmale mit Hilfe der festgelegten Maßgrößen (Schritt 9) vermessen. Die Werte werden zusammen mit den Zielwerten des eigenen Produktes in einer Skala eingetragen, so dass sich jeweils ein technisches Produktprofil ergibt. Bei denjenigen Produktmerkmalen, die eine Kundenanforderung mit hoher Gewichtung widerspiegeln, sollte das eigene Produkt der Konkurrenz überlegen sein.

Bewertung der technischen Bedeutung ⑪

Zuletzt wird eine Bewertung der technischen Bedeutung der Produktmerkmale vorgenommen. Dazu werden die Gewichtung der Kundenanforderungen (Schritt 2) mit den Bewertungen in der Beziehungsmatrix (Schritt 6) multipliziert und spaltenweise aufaddiert. Daraus ergibt sich die Bedeutung für jedes Produktmerkmal.

An Hand dieser Kennzahlen kann eine Rangfolge der Produktmerkmale aufgestellt werden. Die wichtigsten Produktmerkmale (höchste Zahlenwerte) werden als kritisch bezeichnet und können in der nächsten QFD-Phase weiter betrachtet werden. Sie bilden dann als Eingangsdaten die gestellten Anforderungen, zu denen Merkmale einzelner Baugruppen ermittelt werden.

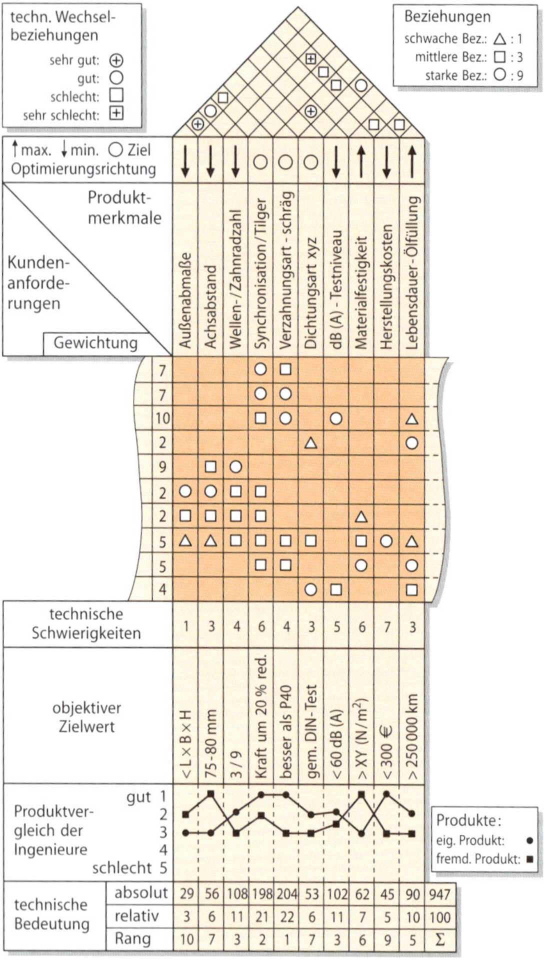

Bild 30: *Ingenieurspezifische Achse einer QFD (Qualitätsplan Produkt) für ein Getriebe*

Die angegebene Reihenfolge beim Ausfüllen des HoQ ist nicht zwingend notwendig. Es sollte aber darauf geachtet werden, dass jedes Feld bzw. „Zimmer" bearbeitet wird. Im Einzelfall können auch Schwerpunkte gebildet werden, indem jedes Zimmer mit verschiedener Ausführlichkeit bearbeitet wird.

5 Fehlermöglichkeits- und -einflussanalyse (FMEA)

WORUM GEHT ES?

Fehler, die während der Produktion oder dem Einsatz von Produkten auftreten, verursachen hohe Kosten der Fehlerbeseitigung. Oft führen sie sogar bis hin zum Ansehensverlust eines Unternehmens bei seinen Kunden. Es ist daher sinnvoll, schon in einer frühen Phase der Produkt- und Prozessplanung und -entwicklung möglicherweise auftretende Fehler zu betrachten. Die Fehlermöglichkeits- und -einflussanalyse (FMEA) ist eine zielgerichtete Methode, mit der mögliche Fehler frühzeitig ermittelt werden. Die aus den Fehlern entstehenden Risiken werden bewertet und anschließend Gegenmaßnahen zur Vermeidung der Fehler entwickelt.

Die System-FMEA in der hier beschriebenen Form wurde vom Verband der Automobilindustrie e.V. (VDA) entwickelt. In der Praxis werden zwei Arten unterschieden: Die System-FMEA-Produkt, die mögliche Fehlfunktionen oder Funktionsfehler eines Produktes betrachtet und die System-FMEA-Prozess, die den Produktionsprozess untersucht.

WAS BRINGT ES?

Durch das frühe Beschäftigen mit möglichen Fehlerquellen wird eine Strategie der Fehlervermeidung anstatt aufwändiger Fehlerbeseitigung verfolgt. Die FMEA ist daher besonders gut für Neuentwicklungen und Änderungen von Produkten und Prozessen geeignet. Durch die Betrachtung der gesamten Systeme werden bei der FMEA Zusammenhänge von Systemelementen aufgedeckt und können gezielt weiter untersucht werden. Mit Hilfe der Risikobewertung können die kritischen

Komponenten gefunden und Schwerpunkte bei der Verhütung von Fehlern gesetzt werden.

Die mit der FMEA erzielte Qualitätssteigerung senkt die Gefahr, dass Produktfehler beim Kunden auftreten und damit Kosten und ein Ansehensverlust entstehen. Dem höheren Aufwand zu Beginn der Entwicklung steht die Vermeidung von späteren Fehlern gegenüber. Weitere Vorteile des Einsatzes der FMEA sind die Steigerung des Qualitätsbewusstseins der Mitarbeiter, der fachübergreifende Wissensaustausch sowie die geordnete und lückenlose Dokumentation der möglichen Fehler und Gegenmaßnahmen.

WIE GEHE ICH VOR?

Zu Beginn der Arbeiten wird das FMEA-Team, welches in der Regel ein fachübergreifendes Expertenteam ist, vom Projektleiter zusammengestellt. Die Einsatzphasen und die Ziele der dann durchgeführten FMEA unterscheiden sich: Die System-FMEA-Produkt untersucht mögliche Schwachstellen der Konstruktion, wie z.B. Funktion, Zuverlässigkeit oder Herstellbarkeit. Sie wird bei Neuentwicklungen schon in der Phase der Erstellung des Lastenheftes durchgeführt. Das Ergebnis bildet dann die Grundlage für eine System-FMEA-Prozess, bei der alle potenziellen Fehler des Herstellungsprozesses, wie z.B. Reproduzierbarkeit geplanter Abläufe, Werkzeugverschleiß, Materialgüte oder Umgebungsbedingungen untersucht werden. Bei Neuentwicklungen wird sie schon zu Beginn der Planungsphase von Werkzeugen und Fertigungseinrichtungen durchgeführt, um fertigungstechnische Defizite noch rechtzeitig zu eliminieren.

Die Durchführung der System-FMEA wird in fünf Schritten vollzogen (s. Bild 31). In den ersten beiden Schritten wird eine detaillierte Analyse des betrachteten Produktes oder Prozesses durchgeführt. Diese Vorarbeiten sollten in den Fachabteilungen (Konstruktion/Entwicklung für Produkte, Fertigung/Fertigungsplanung für Prozesse) durchgeführt werden. Mit den weiteren drei Schritten schließt sich die eigentliche Risikoanalyse der FMEA an, die vom FMEA-Team mit Hilfe eines Formblatts durchgeführt wird.

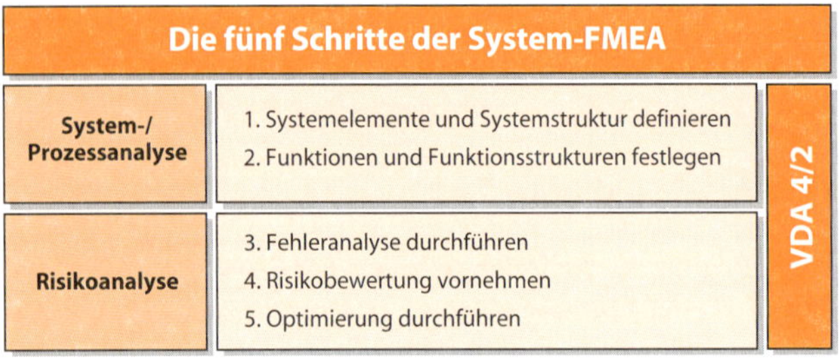

Bild 31: *Die fünf Schritte der System-FMEA*

Schritt 1: Systemstruktur definieren

Das System wird zunächst in seine einzelnen Systemelemente in einer Baumstruktur – die Systemstruktur – hierarchisch untergegliedert, um auf diese Weise die logischen Zusammenhänge des Gesamtsystems zu beschreiben. Das Gesamtsystem eines Produktes wird in Untersysteme, Bauteile und Komponenten strukturiert, während das Gesamtsystem eines Prozesses in Abläufe, Teilschritte und Einflussfaktoren auf den Prozess untergliedert wird.

Schritt 2: Funktionsstruktur festlegen

Im zweiten Schritt werden die Funktionen, die jedes einzelne Systemelement hat, beschrieben. Jedes Teil eines Produktes und jeder Teilschritt eines Prozesses kann natürlich mehrere Funktionen und Wechselwirkungen mit anderen Systemelementen haben. Die Funktionsstruktur kann daher einen großen Umfang annehmen, der für die FMEA am besten als Funktionsbaum aufbereitet wird. Bei der Beschreibung der Funktionen muss besonders auf die Abgrenzung zu den über- oder untergeordneten Systemelementen geachtet werden.

Schritt 3: Fehleranalyse

Mit der Fehleranalyse beginnt bei der FMEA die eigentliche Arbeit im Team. Jede Funktion eines Systemelements wird nun als möglicher Fehler betrachtet. Dazu werden die eigentlichen Funktionen negiert, also die Nichterfüllung oder eine Abweichung der Funktion angenommen. Aus der vorher in der Systemanalyse aufgestellten Struktur zeigt sich, dass ein Fehler eines Systemelements die Fehlerfolge der untergeordneten Systemelemente ist und gleichzeitig die Ursache für Fehler der übergeordneten Systemgruppe.

Das Team legt dann fest, für welche relevanten Funktionen System-FMEAs erstellt werden sollen.

Schritt 4: Risikobewertung vornehmen

Mit der Risikoanalyse kommt das FMEA-Formblatt (s. Bild 32) zum Einsatz. Der Aufbau und die einzelnen Inhalte sollen im Folgenden beschrieben werden.

	Fehlermöglichkeits- und -einflussanalyse		FMEA-Nr. *4711*
	☒ System-FMEA-Produkt	☐ System-FMEA-Prozess	Seite: *1* von: *1*
Typ/Modell/Fertigung/Charge: **Fenster** (1)	Sach-Nr.: Änderungsstand:	Verantwortlich: *Meyer* Firma:	Abteilung: *Konstr.* Datum: *14.02.09*
System-Nr. / Systemelement *Scharnier* Funktion /Aufgabe *Halten des Fensters stat./dyn. bis 25 kg*	Sach-Nr.: *236-BD50* Änderungsstand:	Verantwortlich: Firma:	Abteilung: Datum:

Mögliche Fehlerfolgen	B	Mögliche Fehler	Mögliche Fehlerursachen	Vermeidungs-maßnahmen	A	Entdeckungs-maßnahmen	E	RPZ	V/T
Fenster fällt aus Rahmen	*8*	*Scharnier zu schwach*	*Schweißnahtauslegung ungenügend*	*Auslegung nach DIN*	*2*	*Zugversuch bei Musterteilen*	*2*	*32*	
			Schweißnahtangaben vergessen	*Zeichnung nach DIN anfertigen*	*5*	*Zugversuch bei Muster*	*3*	*120*	*Schulz/ 25.02.09*
(2)	(3)	(4)	(5)	(6)	(7)	(8)	(9)	(10)	(11)

Bild 32: *Ausschnitt aus einer Konstruktions-FMEA für eine Fahrzeugtür*

Stammdaten ①

Im oberen Teil des Formblattes werden unter anderem die Informationen über die Art der FMEA und über das betrachtete Systemelement eingetragen.

Mögliche Fehler und Fehlerfolgen ②④

Die in der Fehleranalyse ermittelten Fehler und die Fehlerfolgen aus Sicht des Kunden werden in diese Spalten eingetragen. Wichtig ist bei den Fehlerfolgen die Sichtweise des Kunden, also sollten die Fehlerfolgen so beschrieben werden, wie der Kunde sie bemerkt oder empfindet.

Bedeutung für den Kunden ③

Anschließend wird für jeden Fehler seine Bedeutung B aus der Sicht des Kunden bewertet. Dazu wird eine Note von 1 (keine Folgen) bis 10 (schwer wiegende Folgen) benutzt, deren Bedeutung in Tabelle 9 beispielhaft erläutert wird.

Mögliche Fehlerursachen ⑤

Die Fehlerursachen aus der Fehleranalyse werden in diese Spalte eingetragen. Es sind in der Regel die Fehlfunktionen der untergeordneten Systemelemente. Ein Ausfall einer Einspritzpumpe (Fehler in dieser Ebene) führt z. B. zum Stillstand des Motors (Fehlerursache für diese Ebene).

Vermeidungsmaßnahmen ⑥

Wenn bereits Maßnahmen zur Fehlervermeidung bestehen, werden sie in dieser Spalte eingetragen. Bereits bestehend bedeutet dabei, dass die Maßnahmen in Prüfvorschriften, Regelungen u. ä. festgelegt und von dem entsprechenden Bereich bestätigt wurden.

Bedeutung (Auswirkung auf den Kunden)	Bewertung
Es ist unwahrscheinlich, dass der Fehler irgendeine wahrnehmbare Auswirkung auf das Verhalten des Produkts oder Systems haben könnte. Der Kunde wird den Fehler wahrscheinlich nicht bemerken.	1
Der Fehler ist unbedeutend und der Kunde wird nur geringfügig belästigt. Der Kunde wird wahrscheinlich nur eine geringfügige Beeinträchtigung des Systems bemerken.	2–3
Mittelschwerer Fehler, der Unzufriedenheit bei einigen Kunden auslöst. Der Kunde wird die Beeinträchtigung bemerken und dadurch belästigt sein.	4–6
Schwerer Fehler, der den Kunden verärgert. Sicherheitsaspekte oder gesetzliche Überschreitungen sind aber nicht betroffen.	7–8
Äußert schwerer Fehler, der zum „Liegenbleiben" führt oder möglicherweise die Sicherheit und/oder die Einhaltung gesetzlicher Vorschriften beeinträchtigt.	9–10

Tab. 9: *Maßstab für die Bedeutung der Fehlerfolgen*

Auftretenswahrscheinlichkeit ⑦

Für jede Fehlerursache wird überprüft, ob die Vermeidungsmaßnahme in der Lage ist, das Auftreten der Fehlfunktion zu vermeiden. Die Wahrscheinlichkeit A, dass der Fehler trotzdem auftritt wird mit einer Note von 1 (unwahrscheinlich) bis 10 (sehr wahrscheinlich) bewertet. Als Beispiel zeigt Tabelle 10 eine mögliche Einteilung der Skala. Für die Be-

Wahrscheinlichkeit des Auftretens	Häufigkeit	Bewertung
Es ist unwahrscheinlich, dass ein Fehler auftritt.	→0	1
sehr gering: die Konstruktion entspricht generell früheren Entwürfen, für die verhältnismäßig geringe Fehlerzahlen gemeldet wurden.	1/20.000 1/10.000	2 3
gering: die Konstruktion entspricht generell früheren Entwürfen, bei denen gelegentlich, aber nicht in größerem Maße, Fehler auftraten.	1/2.000 1/1.000 1/200	4 5 6
mäßig: die Konstruktion entspricht generell Entwürfen, die in der Vergangenheit immer wieder Schwierigkeiten verursachten.	1/100 1/20	7 8
hoch: Es ist nahezu sicher, dass Fehler in größerem Umfang auftreten werden.	1/10 1/2	9 10

Tab. 10: *Maßstab für die Auftretenswahrscheinlichkeit von Fehlern*

urteilung der Häufigkeit des Auftretens soll die gesamte Lebensdauer des Produktes bzw. der ganze Prozess betrachtet werden.

Entdeckungsmaßnahmen ⑧

Wenn die Fehlerursache tatsächlich auftritt, muss sie nicht zwangsläufig zu Auswirkungen beim Kunden führen. Es besteht noch die Chance, die Fehlerursache oder den Fehler vor

Auslieferung des Produktes bzw. Durchführung des Prozesses zu erkennen und zu beseitigen. Alle Maßnahmen, die zur Entdeckung des Fehlers und seiner Ursachen geplant sind, werden in diese Spalte eingetragen.

Entdeckungswahrscheinlichkeit ⑨

Auch die Wahrscheinlichkeit E, dass ein Fehler entdeckt wird, bevor er den Kunden erreicht, wird mit einer Note von 1 (sehr wahrscheinlich) bis 10 (unwahrscheinlich) bewertet, wie sie z.B. in Tabelle 11 dargestellt ist. Dabei wird davon ausgegangen, dass die vorher definierten Vermeidungsmaßnahmen durchgeführt wurden.

Wahrscheinlichkeit der Entdeckung	Bewertung
Hoch (größer 99,99%); funktioneller Fehler, der nahezu sicher bei den nächsten Arbeitsgängen bemerkt wird.	1
Mittel (größer 99,7); offensichtlicher Fehler, der z.B. 100% automatisch geprüft wird und den Kunden wahrscheinlich nicht erreichen wird.	2 bis 5
Gering (größer 98%); leicht zu erkennender Fehler, der z.B. mit einer 100% Funktionsprüfung kontrolliert wird.	6 bis 8
Sehr gering (mindestens 90%); nicht leicht zu erkennendes Fehlermerkmal, das 100% visuell oder manuell geprüft wird.	9
Unwahrscheinlich; verdeckter Fehler, der in der Fertigung oder Montage nicht erkannt wird, da das Merkmal nicht geprüft wird bzw. werden kann.	10

Tab. 11: *Maßstab für die Entdeckungswahrscheinlichkeit von Fehlern*

Riskioprioritätszahl ⑩

Um das Gesamtrisiko einer möglichen Fehlerursache zu bestimmen, wird die so genannte *Risikoprioritätszahl* berechnet. Sie ist das Produkt aus Bedeutung der Fehlerfolge für den Kunden B, der Auftretenswahrscheinlichkeit des Fehlers A und der Entdeckungswahrscheinlichkeit E.

$$RPZ = B \cdot A \cdot E$$

Sie kann somit Werte zwischen 1 (kein Risiko) und 1.000 (sehr hohes Risiko) annehmen. Die Höhe der RPZ allein sagt noch nicht viel aus. Werden die einzelnen Fehlerursachen jedoch nach der Höhe der RPZ geordnet, kann eine Rangfolge für das Beseitigen von Fehlerursachen festgelegt werden. Ursachen mit hoher RPZ müssen also vorrangig durch Verbesserungsmaßnahmen an Produkt und Prozess beseitigt werden.

Schritt 5: Optimierung durchführen

Die mit der FMEA ermittelten Risiken werden nun einer erneuten Prüfung unterzogen. In der Praxis hat sich gezeigt, dass alle Risiken mit RPZ > 100 auf jeden Fall weiter verfolgt werden müssen. Dazu werden im FMEA-Team neue geplante Vermeidungsmaßnahmen festgelegt und in das Formblatt eingetragen. Die Auftretenswahrscheinlichkeit wird unter Berücksichtigung der neuen Maßnahmen neu bewertet. Auch neu geplante Entdeckungsmaßnahmen und die dann veränderte Entdeckungswahrscheinlichkeit für einen Fehler werden in das Formblatt eingetragen. Als Ergebnis ergeben sich eine neue niedrigere RPZ und damit das verbleibende Restrisiko.

Durch dieses Vorgehen „lebt“ die FMEA und dokumentiert alle Schritte der Verbesserung von Produkt oder Prozess. Wird mit den geplanten Maßnahmen das Risiko auf einen vertretbar niedrigen Wert reduziert, so werden in der letzten Spalte (11) die Verantwortlichen für die Umsetzung benannt und ein Termin für die Erledigung vorgesehen. Damit kann das FMEA-Formblatt auch als Kontrollinstrument für die Umsetzung von Maßnahmen verwendet werden.

Die FMEA sollte während des gesamten Verlaufs der Entwicklung von Produkten oder Prozessen ständig aktualisiert und weiterbearbeitet werden. Um die kreative Phase, in der die Fehlerart, -folgen und -ursachen ermittelt werden, zu unterstützen, ist es hilfreich, Checklisten zu verwenden. Sie werden in einer gründlichen Vorbereitungsphase einmal erstellt und während der laufenden Arbeit ständig ergänzt. In der Checkliste für die Fehlerart sind alle überhaupt möglichen Fehlerarten als Schlagwörter aufgelistet. Gleiches gilt auch bei Checklisten für Folgen und Ursachen. Während der Bearbeitung wird die jeweilige Checkliste durchgegangen und bei jedem Schlagwort überprüft, ob es für diesen Fall zutrifft. Das Team erhält so eine erste Anregung, die im Einzelfall weiter ausgearbeitet werden muss.

Bei der FMEA ist eine objektive, der Realität entsprechende Bewertung der Fehler und ihrer Risiken notwendig. Für Konstrukteure und Prozessplaner heißt das, dass sie ihre eigene Entwicklung kritisieren müssen. Das fällt den meisten Personen naturgemäß sehr schwer. Das Management und der Moderator müssen hier durch Überzeugungsarbeit helfen. Auch sollte sichergestellt werden, dass beim Entdecken von Fehlern sowohl in dem aktuell bearbeiteten als auch in vergangenen Konzepten dem dafür Verantwortlichen keine negativen Folgen entstehen.

Ein großes Problem ist die mangelnde Genauigkeit der FMEA. Durch Zeitmangel oder fehlendes Wissen wird die FMEA oft nur oberflächlich durchgeführt und bringt dann keinen nennenswerten Nutzen. Neben einer guten Ausbildung in der FMEA-Methode ist es daher wichtig, sich auf die entscheidenden Funktionen eines Objektes zu beschränken. Diese werden dann jedoch ganz ausführlich untersucht.

6 Statistische Versuchsplanung nach Shainin (SVP)

WORUM GEHT ES?

Die Qualität eines Produktes oder Prozesses wird durch eine große Anzahl von Einflussgrößen bestimmt. Diese Größen müssen daher so eingestellt werden, dass die Qualitätsanforderungen an das Produkt oder den Prozess bestmöglich erfüllt werden. Die Art und Stärke der Einflüsse sind jedoch meistens unbekannt. Um nun die besten Einstellungen für alle Einflussgrößen zu finden, müssten alle Einstellungen in vielen Versuchen miteinander kombiniert werden. Das wäre mit großem Zeitaufwand und hohen Kosten verbunden. Die statistische Versuchsplanung (SVP) ermöglicht es daher, die Zahl der notwendigen Versuche stark zu verringern und trotzdem die besten Einstellungen zu finden. Dazu gibt es neben anderen Vorgehensweisen eine Sammlung von sieben Methoden, die nach ihrem Entwickler D. Shainin benannt worden ist. Es wird dabei vom Paretoprinzip (siehe **Paretodiagramm**) ausgegangen, das besagt, dass nur sehr wenige Einflussgrößen die Qualität entscheidend beeinflussen. Die drei wichtigsten Einflussgrößen werden nach der Stärke ihres Einflusses bei Shainin als Rotes X, Rosa X und Blassrosa X bezeichnet. Das Ziel ist es, diese Größen zu finden und ihre optimalen Einstellungen zu ermitteln. Dabei sollen die wichtigsten Einflussgrößen so eingestellt werden, dass das Produkt oder der Prozess unempfindlich gegenüber dem Einfluss der restlichen Größen wird. Diese Einstellung wird als „robust“ bezeichnet.

WAS BRINGT ES?

Die SVP nach Shainin verfolgt eine Problemlösungs- und keine Problemvermeidungsstrategie. Sie wird daher vorwiegend bei bestehenden Problemen in der laufenden Fertigung eingesetzt. Aber auch bei einer Vorserienfertigung oder einer noch frühen Entwicklungsstufe eines Produktes oder Prozesses ist ihr Einsatz möglich. Voraussetzung ist nur, dass Prototypen vorhanden sind, die untersucht werden können. Bei einem aufgetretenen Problem können mit Hilfe der SVP sehr schnell die wenigen wichtigsten Einflussgrößen gefunden werden. Da die Ergebnisse der einzelnen Methoden in Diagrammen dargestellt werden, sind die Methoden leicht verständlich. Dies lässt eine schnelle Deutung der Ergebnisse zu. Die einzelnen Methoden sind darauf ausgerichtet, die Anzahl der notwendigen Versuche so gering wie möglich zu halten. Dadurch verringern sich bei der Problemlösung der Versuchsaufwand und die mit ihm verbundene Versuchsdauer und -kosten erheblich.

WIE GEHE ICH VOR?

Voraussetzung für die SVP nach Shainin sind ein gegebenes Qualitätsmerkmal sowie eine geeignete Methode, es zu messen. Zunächst wird mit dem *Paarweisen Vergleich*, den *Multi-Vari-Karten* und dem *Komponententausch* die große Menge der vorhandenen Einflussgrößen auf eine Anzahl von 5 bis 20 Größen reduziert. Diese drei Methoden werden auch als Hinweisgeneratoren bezeichnet. Mit der *Variablensuche* werden dann das Rote X und Rosa X bestimmt. In einem *vollständigen Versuch* werden anschließend geeignete Einstellungen für die vier wichtigsten Einflussgrößen ermittelt und mit dem *Vergleich A zu B* noch einmal überprüft. Mit

Hilfe von *Streudiagrammen* können diese Einstellungen noch verbessert werden.

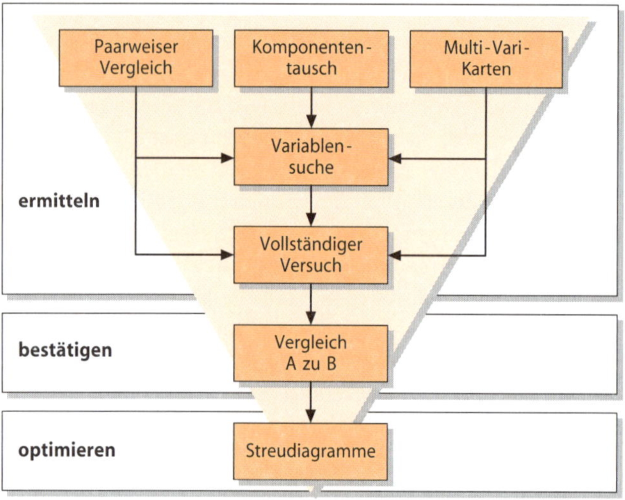

Bild 33: *Methoden der Versuchsplanung nach Shainin*

Ausgehend von dem Grundschema Shainins muss je nach Bedarf entschieden werden, welche Methode wann sinnvoll benutzt werden kann. Es ist nicht immer notwendig, alle Methoden anzuwenden, da es möglich ist, dass z. B. schon die Hinweisgeneratoren alleine die Problemursachen aufzeigen. Jedoch ist es immer wichtig, bei der SVP darauf zu achten, dass die ermittelten Fakten interpretiert werden und nicht die persönlichen Vermutungen von einzelnen Personen die Ergebnisse bestimmen. Im Folgenden werden die einzelnen Methoden Shainins näher beschrieben.

6.1 Paarweiser Vergleich

Der Paarweise Vergleich ist eine Methode, um eine Gruppe von wichtigen Einflussgrößen zu ermitteln. Um sie anwenden zu können, müssen gute und schlechte Teile, Baugruppen o. Ä. zur Verfügung stehen. Gut und schlecht bezieht sich dabei auf die Ausprägung des untersuchten Qualitätsmerkmals. Insbesondere ist dieses Verfahren geeignet für Baugruppen oder Komponenten, die sich nicht zerstörungsfrei zerlegen und wieder zusammensetzen lassen.

Jeweils eine gute und eine schlechte Einheit werden zufällig zu einem Paar zusammengestellt. Bei jedem Vergleichspaar werden nun Unterschiede zwischen der guten und der schlechten Einheit bestimmt. Die Unterschiede können im Aussehen, in den Abmessungen, in elektrischen, mechanischen, chemischen Merkmalen usw. bestehen. Die benutzten Prüfungsmethoden können von der Sichtprüfung bis hin zum Einsatz von komplizierten Messmitteln reichen. Die gefundenen Unterschiede werden notiert. Aus der Häufung von einzelnen Unterschieden lassen sich Rückschlüsse auf entscheidende Einflussgrößen, darunter auch das Rote X, ziehen. Um gesicherte Aussagen zu bekommen, sollten mindestens sechs bis acht Paare verglichen werden.

Paar-Nr.	Lage der Unterschiede	Art der Unterschiede	
		gute Einheit	schlechte Einheit
1	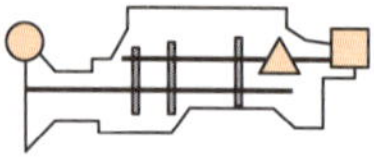	kein Rost gratfrei Achslänge: 243,5	Flugrost □ Grat ○ Achslänge: 244,3 △
2	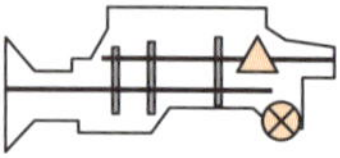	kein Gussfehler Achslänge: 243,3	Gussfehler ⊗ Achslänge: 244,2 △
3	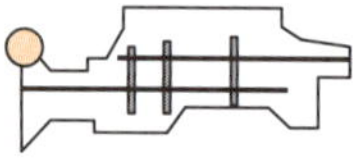	gratfrei	Grat ○
4	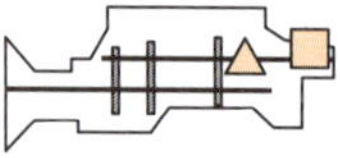	kein Rost Achslänge: 243,4	Flugrost □ Achslänge: 244,4 △
5	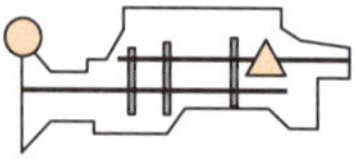	gratfrei Achslänge: 243,5	Grat ○ Achslänge: 244,3 △

Häufigkeit der Unterschiede bei 8 Vergleichspaaren:

Achslänge △ : 7 – Rotes X
Grat ○ : 5 – Rosa X
Rost □ : 3
Gussfehler ⊗ : 1

Bild 34: *Ergebnisse des Paarweisen Vergleiches, Beispiel: Vergleich von acht Getriebepaaren*

6.2 Komponententausch

Beim Komponententausch werden wie beim Paarweisen Vergleich gute und schlechte Einheiten verglichen, um eine Gruppe von wichtigen Einflussgrößen zu bestimmen. Jedoch ist es bei dieser Methode notwendig, dass sich die Einheiten zerstörungsfrei in Komponenten zerlegen und wieder zusammensetzen lassen. Bei einer guten und einer schlechten Einheit wird das zu untersuchende Qualitätsmerkmal gemessen. Danach wird jede Einheit für sich zerlegt, wieder zusammengebaut und erneut vermessen. Haben sich die Messwerte des Qualitätsmerkmals zu den vorher ermittelten wesentlich geändert, ist anzunehmen, dass sich das Rote X im Bereich der Montage befindet und dort weiter zu suchen ist.

Wenn sich die Messwerte nicht wesentlich verändert haben, werden im nächsten Schritt alle Komponenten der Einheit nach der vermuteten Bedeutung absteigend geordnet und durchnummeriert. Es wird nun die erste Komponente der guten Einheit in die schlechte Einheit eingebaut und umgekehrt. Das Qualitätsmerkmal wird bei beiden Einheiten erneut gemessen, und anschließend werden die Komponenten wieder zurückgetauscht. Gemäß der festgelegten Reihenfolge wird dieser Austausch mit jeder Komponente durchgeführt.

Die Messergebnisse werden in einem Diagramm festgehalten. Tritt eine teilweise Änderung der Ausprägung des Qualitätsmerkmals auf, ist die entsprechende Komponente das Rosa X. Tritt sogar eine vollkommene Umkehr von guter und schlechter Einheit auf, liegt das Rote X vor. Diese Komponenten sind dann weiter zu untersuchen.

Um die Ergebnisse zu bestätigen, werden die als wichtig ermittelten Komponenten noch einmal gemeinsam zwischen der guten und der schlechten Einheit ausgetauscht. Bei der Messung des Qualitätsmerkmals muss sich dann eindeutig eine Umkehrung von gut und schlecht ergeben.

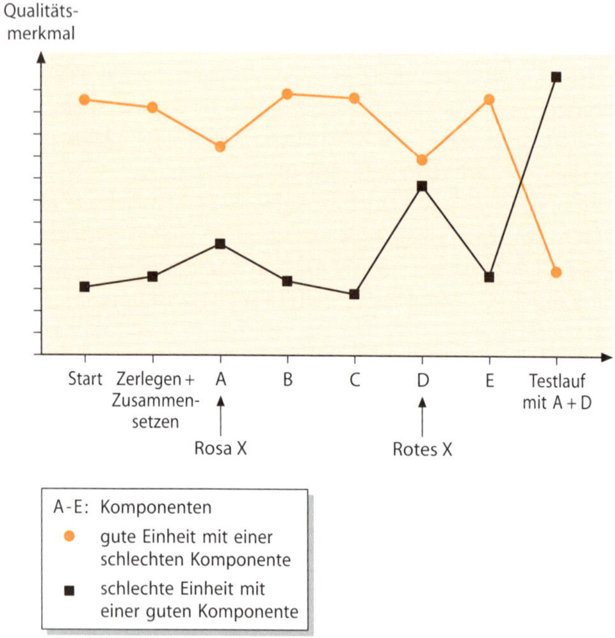

Bild 35: *Ergebnisse des Komponententausches*

6.3 Multi-Vari-Karten

Auch die Multi-Vari-Karten ermöglichen es, die große Menge der Einflussgrößen auf eine kleinere Gruppe zu reduzieren, in der das Rote X enthalten ist. Die Einflüsse auf das Qualitätsmerkmal werden dazu in lagebedingte (innerhalb einer Einheit), in zyklische (innerhalb mehrerer Einheiten) und in zeitliche (in regelmäßigen Zeitabständen) Streuungsursachen unterteilt. Die Bedeutung jeder Ursachenart wird aus einem Diagramm abgelesen.

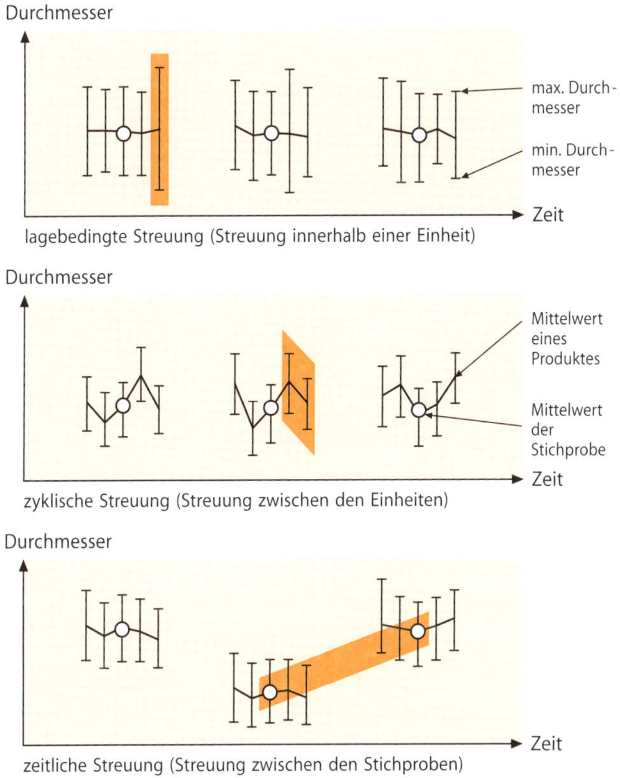

Bild 36: *Streuungsarten in der Multi-Vari-Karte, Beispiel: an beiden Enden einer Welle gemessener Durchmesser*

Dazu werden aus dem zu untersuchenden Prozess ca. fünf Stichproben in gleichmäßigen zeitlichen Abständen (z. B. jede Stunde) entnommen. Jede Stichprobe enthält in der Regel drei bis fünf Einheiten. An allen Einheiten wird die Ausprägung des Qualitätsmerkmals an einer oder mehreren Stellen gemessen. Die Ergebnisse werden in ein Achsenkreuz eingetragen. Auf der waagerechten Achse wird die Zeit, auf der senkrechten Achse das Qualitätsmerkmal abgetragen.

Zusätzlich können jeweils die Durchschnittswerte der Einheiten und der gesamten Stichprobe eingezeichnet werden.

Das fertige Diagramm sollte von einer Gruppe interpretiert werden. Weichen die an einer Einheit gemessenen Werte voneinander ab, liegt eine lagebedingte Streuung vor. Unterschiede zwischen den Mittelwerten der einzelnen Einheiten zeigen eine zyklische Streuung an. Eine zeitliche Streuung ist an der Spanne zwischen den Mittelwerten der Stichproben zu erkennen.

In den meisten Fällen treten alle drei Streuungsarten gleichzeitig auf, wobei jedoch eine Art überwiegt. Die Einflussgrößen, die diese Streuungsart bewirken, haben für das untersuchte Qualitätsmerkmal die größte Bedeutung und müssen deshalb im Folgenden weiterbehandelt werden. Häufig ergeben sich sogar schon nach Anwendung der Multi-Vari-Karten das Rote X und eine entsprechende Problemlösung.

6.4 Variablensuche

Mit den Hinweisgeneratoren wurden die vielen Einflussgrößen auf fünf bis zwanzig wichtige Größen begrenzt. Nun werden mit Hilfe der Variablensuche die Haupteinflussgrößen auf das Qualitätsmerkmal, also das Rote und Rosa X, bestimmt. Das Vorgehen ist dem des Komponententausches ähnlich. Während beim Komponententausch jedoch die einzelnen Bauteile untersucht werden, geht es jetzt um die Prozessgrößen des Fertigungsprozesses.

Zuerst werden die gefundenen Prozessgrößen nach ihrer vermuteten Bedeutung absteigend sortiert und mit Buchstaben versehen (A, B, C, D usw.). Für jede Prozessgröße werden zwei Einstellstufen festgelegt, eine gute (g), bei der eine gute Ausprägung des Qualitätsmerkmals erwartet wird, und eine schlechte (s), die wahrscheinlich ein gerade annehmbares Ergebnis liefert. Es werden nun zwei Versuche gemacht. Bei einem werden alle Prozessgrößen auf die gute, bei dem anderen alle auf die schlechte Stufe eingestellt. Die sich jeweils ergebenden Ausprägungen des Qualitätsmerkmals müssen sich eindeutig unterscheiden. Zur Bestätigung können beide Versuche noch einmal wiederholt werden. Ist kein großer Unterschied zu erkennen, sind entweder die einzelnen Einstellstufen oder die Prozessgrößen falsch gewählt worden. Diese müssen dann neu festgelegt werden.

Danach wird ein Versuch durchgeführt, bei dem die bedeutsamste Einflussgröße A auf ihre gute (A gut = Ag) und alle restlichen Größen auf ihre schlechte Stufe (Rest schlecht = Rs) eingestellt werden. Das Qualitätsmerkmal wird gemessen. Ist keine Änderung des Ergebnisses gegenüber dem Versuch mit nur schlechten Stufen zu erkennen, ist A eine unwichtige Prozessgröße. Kehrt sich das Ergebnis jedoch teilweise um, liegt ein Rosa X vor. Bei vollständiger Umkehrung ist das Rote X gefunden. Daraufhin wird ein zweiter Versuch durchgeführt, bei dem jetzt A auf seine schlechte (As) und die restlichen Größen auf ihre gute Stufe (Rg) eingestellt werden. Ergibt sich auch hier, verglichen mit dem Versuch mit nur guten Einstellstufen, eine Umkehr des

Ergebnisses, ist das Rosa X bzw. Rote X bestätigt. Im Folgenden werden nun diese beiden Versuche für alle Prozessgrößen durchgeführt. Damit können wichtige Prozessgrößen von unwichtigen unterschieden und das Rote X und Rosa X bestimmt werden.

Versuchs-Nr.	Kombination der Einflussgrößen	gemessene Anzahl	Interpretation
Vorlauf	alle s	11	eindeutiger Unterschied zwischen gut und schlecht
	alle g	0	
1	Ag-Rs	10	A ist nicht wichtig
2	As-Rg	1	
3	Bg-Rs	9	B ist evtl. Rosa X
4	Bs-Rg	4	
5	Cg-Cs	11	C ist nicht wichtig
6	Cs-Rg	1	
7	Dg-Rs	6	D ist evtl. Rotes X
8	Ds-Rg	8	
9	Eg-Es	9	F ist nicht wichtig
10	Es-Eg	1	
Testlauf	Bg-Dg-Rs	0	Völlige Umkehrung erzielt
	Bs-Ds-Rg	10	

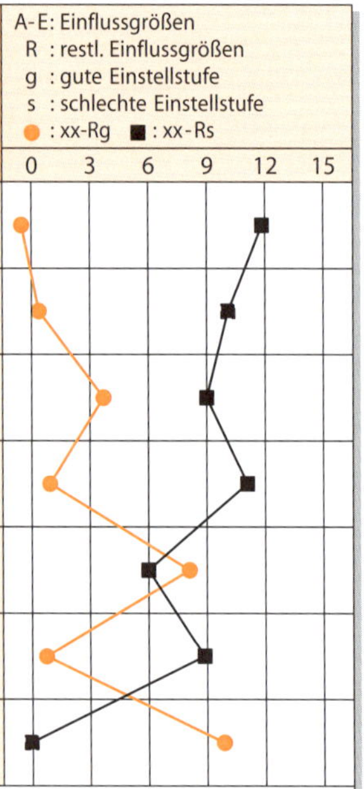

Erläuterungen:
Zur Beurteilung eines Prozesses wird die Anzahl der erzeugten fehlerhaften Einheiten in einer Stichprobe (n = 15) benutzt. Die Fehlerhaftigkeit bezieht sich auf das Qualitätsmerkmal der einzelnen Einheit.

Bild 37: *Ergebnisse der Variablensuche*

Zum Schluss werden in einem Bestätigungsversuch alle als wichtig eingestuften Prozessgrößen auf ihre gute und alle restlichen auf ihre schlechte Stufe eingestellt. Die Ausprägung des Qualitätsmerkmals muss ein eindeutig gutes Ergebnis zeigen. In einem weiteren Versuch werden die wichtigen Größen auf ihre schlechte und die restlichen auf ihre gute Stufe eingestellt, wobei sich ein eindeutig schlechtes Ergebnis zeigen muss.

Das Ziel von sich anschließenden Maßnahmen muss es sein, die guten Einstellstufen der wichtigen Prozessgrößen zuverlässig und dauerhaft zu erhalten. Bei den unwichtigen Prozessgrößen ist zu prüfen, ob die bisherigen Toleranzgrenzen erweitert werden können, um eine Kosteneinsparung zu erzielen.

6.5 Vollständiger Versuch

Sind durch Anwendung von entsprechenden Methoden die für das Qualitätsmerkmal wichtigen Einflussgrößen auf vier oder weniger reduziert worden, ohne dass das Rote X eindeutig bestimmt werden konnte, wird ein vollständiger Versuch durchgeführt. Das Ziel dabei ist es, die Haupteinflussfaktoren unter der Berücksichtigung der zwischen ihnen bestehenden Wechselwirkungen zu bestimmen. Für die vier oder weniger Einflussgrößen wird je eine gute und eine schlechte Einstellstufe festgelegt. Als schlechte Stufen werden häufig die aktuell verwendeten Werte benutzt. Als gute Stufen werden Einstellungen benutzt, von denen angenommen wird, dass sie eine bessere Ausprägung des Qualitätsmerkmals zur Folge haben.

Im Folgenden werden nun alle Einflussgrößen auf allen Einstellstufen miteinander kombiniert, so dass bei vier Größen 16 Versuche durchgeführt werden müssen. Dazu wird eine Versuchsmatrix aufgestellt, die alle 16 Kombinationen

		A+		A–	
		C+	C–	C+	C–
B+	D+	1 | 5 34	2 | 10 16	3 | 7 3	4 | 8 22
	D–	5 | 2 **104**	6 | 13 24	7 | 11 67	8 | 4 10
B–	D+	9 | 1 58	10 | 14 19	11 | 6 0	12 | 15 31
	D–	13 | 16 5	14 | 9 96	15 | 12 18	16 | 3 31

beste Ausprägung (104) bei der Einstellung: A+ / B+ / C+ / D–

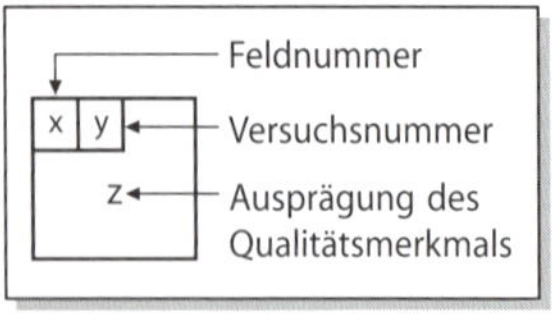

A-D: Einflussgrößen
+ : gute Einstellstufe
– : schlechte Einstellstufe

Bild 38: *Versuchsmatrix*

enthält. Gemäß einer zufällig ausgewählten Reihenfolge werden dann die Versuche mit den verschiedenen Einstellungen durchgeführt. Bei jedem Versuch wird eine bestimmte Anzahl von Einheiten dem Prozess entnommen und an ihnen das Qualitätsmerkmal gemessen. Diese Stichprobenanzahl richtet sich nach der bisher beobachteten Fehlerhäufigkeit (z. B. bei 5 % Fehlerrate ca. 100 Einheiten, bei 50 % ca. 20 Einheiten). Der Durchschnitt der Messungen wird als Versuchsergebnis in die Matrix eingetragen. Aus den Ergebnissen kann die beste Kombination abgelesen werden. Oft ist es sinnvoll, mit Hilfe einer Varianzanalyse, auf die hier nicht näher eingegangen werden kann, die Wechselwirkungen zwischen den Einflussgrößen näher zu untersuchen.

6.6 Vergleich A zu B

Die Methode des Vergleiches A zu B dient ganz allgemein dazu, zwei Prozesse miteinander zu vergleichen. Im Rahmen der Versuchsplanung kann damit auf statistischer Grundlage der alte Prozess (A = alt), der bisher verwandt wurde, mit dem besseren Prozess (B = besser) verglichen werden. Dadurch ist es möglich, eine Verbesserung, die durch neue Einstellungen der Einflussgrößen eintreten soll, noch einmal zu bestätigen.

Es werden den beiden Prozessen zwei gleich große Stichproben mit normalerweise jeweils zehn oder mehr Einheiten entnommen. Alle Einheiten müssen zufällig und über einen Zeitraum verteilt entnommen werden. An jeder Einheit wird das Qualitätsmerkmal gemessen. Die Einheiten werden nun in eine Rangfolge von „sehr gut“ bis „sehr schlecht“ gebracht. Um die entstehende Rangfolge beurteilen zu können, wird die so genannte Technik der Endzählwerte angewandt.

Als Endzählwert wird dabei die Anzahl von Einheiten des gleichen Prozesses bezeichnet, die am Anfang und Ende der aufgestellten Rangfolge auftreten. Aus den ermittelten Einzelendzählwerten wird der Gesamtendzählwert gebildet.

Bild 39: *Rangfolge zur Ermittlung der Endzählwerte*

Es wird nun festgestellt, mit welcher statistischen Aussagesicherheit der Prozess B sich von dem Prozess A unterscheidet. Die Tabelle zeigt die notwendigen Werte des Gesamtendzählwertes und die entsprechenden Aussagesicherheiten.

Gesamtendzählwert	Aussagesicherheit
≥6	95 %
≥9	99 %
≥12	99,9 %

Tab. 12: *Gesamtendzählwert und Aussagesicherheiten*

Wurde der B-Endzählwert auf der Seite „sehr gut“ und der A-Endzählwert auf der Seite „sehr schlecht“ der Rangfolge gezählt, ist anzunehmen, dass der Prozess B besser ist als der Prozess A. Dabei bleibt aber immer ein gewisses Risiko, dass durch die ermittelte Aussagesicherheit beschrieben wird.

Verursacht die Einführung des neuen Prozesses B sehr hohe Kosten, entscheidet man sich auf Grund der Ergebnisse des Vergleiches A zu B nur für den Prozess B, wenn eine sehr hohe Aussagesicherheit für die erzielte Verbesserung gegeben ist.

6.7 Streudiagramm

Nachdem die wichtigsten Einflussgrößen des Qualitätsmerkmals gefunden und bestätigt worden sind, können mit Hilfe von Streudiagrammen die Werteeinstellungen dieser Größen noch einmal verbessert werden. Es lassen sich für das Rote X und das Rosa X Sollwerte und Toleranzen finden, die genau auf die Toleranzgrenzen des Qualitätsmerkmals abgestimmt sind. Für unwichtige Einflussgrößen können die kostengünstigsten Einstellungen ermittelt werden. Das Streudiagramm der SVP entspricht dem Prinzip des Korrelationsdiagramms (siehe **Korrelationsdiagramm**) an.

Für die zu untersuchende Einflussgröße wird ein Wertebereich festgelegt, in dem vermutlich die optimale Einstellung liegt. Mit verschiedenen Einstellungen aus diesem Wertebereich werden nun 30 Einheiten erzeugt und deren Ausprägung des Qualitätsmerkmals gemessen. Die entstehenden Wertepaare werden in ein Korrelationsdiagramm eingezeichnet. Dabei wird auf der waagerechten Achse die Ausgangsgröße und auf der senkrechten Achse das Qualitätsmerkmal (unabhängige Variable) abgetragen. Wird eine wichtige Ausgangsgröße bearbeitet, muss sich eine starke Korrelation ergeben.

In die Punktwolke des Korrelationsdiagramms wird nun eine Ausgleichsgerade eingezeichnet. Auf beiden Seiten dieser Geraden wird zusätzlich eine Parallele gezogen, so dass sich ein Schlauch bildet, in dem alle 30 Wertepaare eingeschlossen sind. Auf der senkrechten Achse werden nun die Spezifikationsgrenzen für das Qualitätsmerkmal eingetragen. Von der oberen Spezifikationsgrenze wird eine waagerechte Linie bis zur oberen Parallele und von diesem Schnittpunkt eine senkrechte Linie nach unten gezogen. Das Gleiche wird entsprechend für die untere Spezifikationsgrenze durchgeführt. Auf der waagerechten Achse ergibt sich durch dieses Vorgehen ein Bereich, in dem die realistische Toleranz der Einflussgröße liegt. In der Mitte dieses Bereiches liegt der Sollwert der Einflussgröße. Bei einem Roten X oder Rosa X sollte der Sollwert mit der Hilfe von Qualitätsregelkarten (siehe **Qualitätsregelkarten**) überwacht werden. Bei einer unwichtigen Einflussgröße kann innerhalb des Toleranzbereiches die kostengünstigste Einstellung gewählt werden.

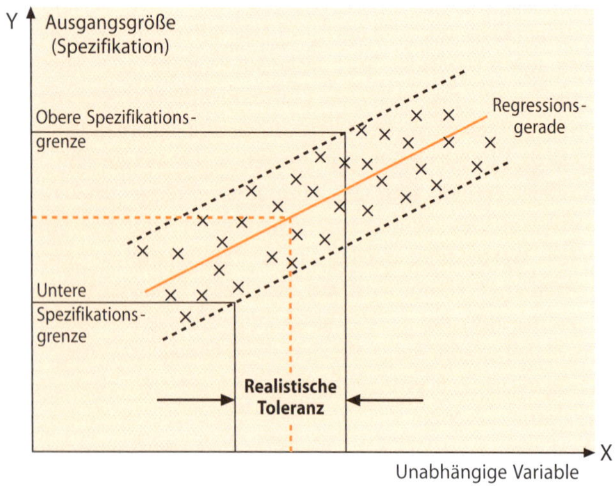

Bild 40: *Streudiagramm*

7 Statistische Prozessregelung (SPR)

WORUM GEHT ES?

Auf einen laufenden Prozess wirken zufällige und systematische Einflüsse, so dass ein an einem Produkt gemessenes Qualitätsmerkmal von seinem Sollwert abweichen kann. Zufällige Einflüsse sind dabei die Summe vieler kleiner Einflüsse, die ständig vorhanden und über die Zeit immer gleich sind. Sie bilden die natürliche Streuung und sind nicht zu beeinflussen. Dagegen sind systematische Einflüsse ein oder wenige Haupteinflüsse, die nicht vorhersehbar sind und unregelmäßig auftreten. Es ist möglich, ihre Ursachen zu finden und abzustellen.

Um zu verhindern, dass ein so beeinflusster Prozess Ausschuss produziert, wird mit der statistischen Prozessregelung (SPR) der Prozess durchgängig beobachtet und ggf. nachkorrigiert. Dadurch wird Ausschuss vermieden, bevor er überhaupt entsteht.

Das Verhalten eines Prozesses kann mit Hilfe von Stichproben über statistische Größen wie Mittelwert und Streumaße (Standardabweichung, Spannweite) gemessen werden. Aus diesen Maßen werden in einer Maschinen- und einer Prozessfähigkeitsuntersuchung Fähigkeitskennzahlen gebildet. Mit ihnen kann überprüft werden, ob der Prozess überhaupt fähig ist, die an ihn gestellten Qualitätsanforderungen zu erfüllen. Sind die Fähigkeitskriterien nicht erfüllt, muss mit Hilfe von anderen Werkzeugen der Prozess untersucht und verbessert werden. Ist der Prozess schließlich fähig, wird mit Hilfe von Qualitätsregelkarten (siehe **Qualitätsregelkarten**) die durchgehende Prozessbeobachtung und -regelung durchgeführt. Treten dabei wieder systematische Fehler auf, muss der Prozess erneut untersucht und verbessert werden.

WAS BRINGT ES?

Mittels SPR kann überprüft werden, ob ein Prozess ein Qualitätsmerkmal an einem Produkt sicher in den geforderten Toleranzen erzeugt. Ist dieser Zustand erreicht, ermöglicht die SPR, den Prozess auf diesem Niveau zu halten und ggf. noch weiter zu verbessern. Auftretende Veränderungen des Prozesses werden durch die SPR direkt aufgezeigt. Durch das sofortige Nachregeln können Ausschuss und Nacharbeit vermieden werden.

Bei der SPR sollen fehlerhafte Einheiten nicht am Ende der Fertigung durch Sortieren herausgefunden, sondern schon während des laufenden Prozesses keine Fehler zugelassen werden (Null-Fehler-Produktion). Durch die Verwendung von Stichproben wird vermieden, dass hohe Kosten durch die Kontrolle jedes einzelnen Produktes entstehen. Die SPR wird daher besonders bei der Produktion von größeren Stückzahlen eingesetzt.

WIE GEHE ICH VOR?

Zuerst wird das Qualitätsmerkmal festgelegt, das statistisch geregelt werden soll. Es ist auch möglich, an einem Produkt mehrere Merkmale gleichzeitig mit Hilfe der SPR zu überprüfen. Außerdem wird ein Messgerät bestimmt, das eine genügend große Mess- und Wiederholgenauigkeit zur Erfassung des Merkmales hat.

Es folgt die Fähigkeitsuntersuchung, aufgeteilt in eine Maschinen- und eine Prozessfähigkeitsuntersuchung. Fähigkeit bezeichnet hierbei das Verhältnis zwischen der gegebenen Konstruktionsanforderung (Toleranzbreite) und der Güte der Maschine bzw. des Prozesses (Streubreite).

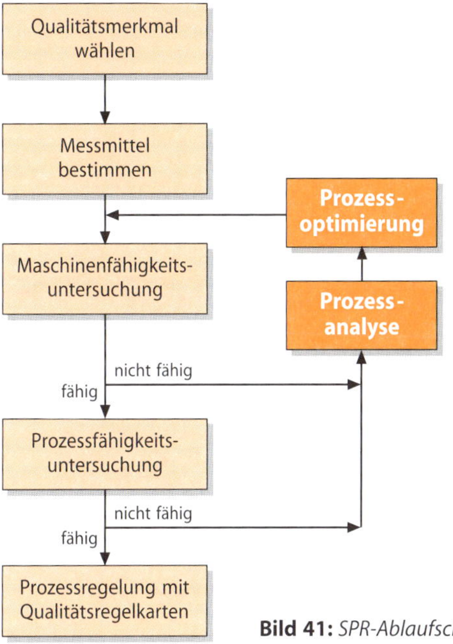

Bild 41: *SPR-Ablaufschema*

Bei der *Maschinenfähigkeit* werden Kennzahlen ermittelt, die das kurzfristige Streuverhalten und die Fertigungs- und Wiederholgenauigkeit der Maschine wiedergeben, wenn nur maschinenbedingte Einflüsse wirken. Dazu wird aus der unter normalen Bedingungen laufenden Maschine eine Stichprobe aus 50 Einheiten entnommen, die direkt hintereinander gefertigt wurden. Während der Fertigung dieser Einheiten müssen die äußeren Bedingungen (Maschinenbediener, Temperatur usw.) möglichst konstant gehalten werden. Mit den Formeln

$$\bar{X} = \frac{1}{n}\sum_{i=1}^{n} x_i = \frac{1}{50}\sum_{i=1}^{50} x_i$$

$$s = \sqrt{\frac{\sum_{i=1}^{n}(x_i - \bar{x})^2}{n-1}} = \sqrt{\frac{\sum_{i=1}^{50}(x_i - \bar{x})^2}{49}}$$

werden dann aus der Stichprobe der Mittelwert $\bar{x}$ und die Standardabweichung s berechnet. x_i sind dabei die 50 ermittelten Messwerte.

Mit der Hilfe von $\bar{x}$ und s werden nun die Maschinenfähigkeitskennzahlen c_m und c_{mk} berechnet:

$$c_m = \frac{\text{Toleranzbreite}}{\text{Streubreite}} = \frac{\text{OTG} - \text{UTG}}{6\,s}$$

$$c_{mk} = \frac{Z_{kritisch}}{3\,s}$$

$$Z_{kritisch} = \text{Minimum}(\text{OTG} - \bar{X};\ \bar{X} - \text{UTG})$$

Um die Toleranzbreite des Qualitätsmerkmales zu berechnen, wird die untere Toleranzgrenze (UTG) von der oberen Toleranzgrenze (OTG) abgezogen. Weiterhin wird die Streubreite der Maschine durch die sechsfache Standardabweichung s aller gemessenen Einheiten wiedergegeben.

Bei c_m wird die Streuung der Maschine berücksichtigt, bei c_{mk} zusätzlich die Abweichung des Mittelwertes vom Zielwert. Die Maschine wird in der Regel als fähig bezeichnet, wenn $c_m \geq 1{,}33$ und $c_{mk} \geq 1{,}33$ ist.

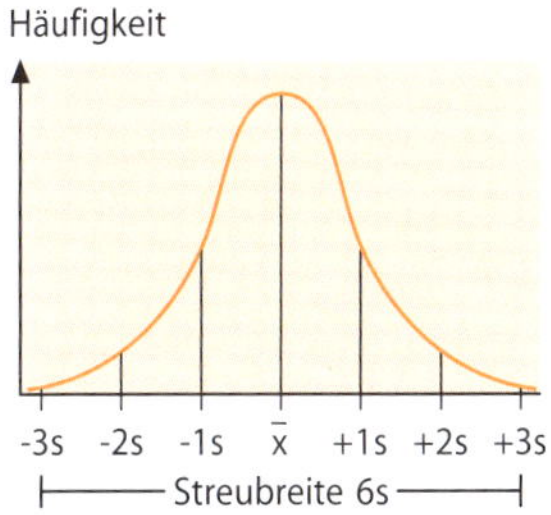

Streubereich	Wahrscheinlichkeit, mit der Werte in den Streubereich fallen
von -1s bis +1s	68,3 %
von -2s bis +2s	95,4 %
von -3s bis +3s	99,7 %

Bild 42: *Streubreiten und Streubereiche einer Normalverteilung*

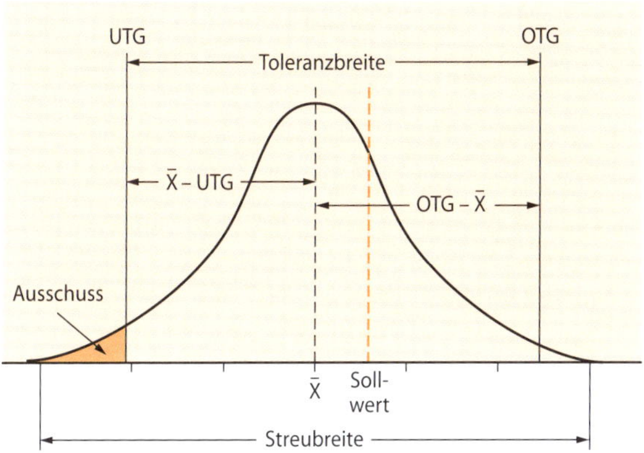

Bild 43: *Grafischer Zusammenhang zwischen Streubreite und Toleranzbreite*

Ist die Maschinenfähigkeit sichergestellt, wird die *Prozessfähigkeit* überprüft. Sie gibt das langfristige Streuverhalten des gesamten Prozesses wieder. Es werden alle äußeren Einflüsse durch Mensch, Maschine, Material, Methode und Arbeitsumgebung berücksichtigt. Dazu werden k Stichproben mit je n Einheiten über einen Zeitraum hinweg (z. B. eine

Schicht, ein Tag) in gleichmäßigen Abständen aus dem laufenden Prozess entnommen. Normalerweise sind dies 25 Stichproben (k) mit je fünf Einheiten (n), so dass bei insgesamt 125 Einheiten das Merkmal gemessen wird. Für jede Einzelstichprobe werden gemäß den oben genannten Formeln der Mittelwert und ein Streumaß (Standardabweichung s oder Spannweite $R = x_{max} - x_{min}$) berechnet. Aus diesen errechneten Werten werden ein Gesamtmittelwert und ein Gesamtstreumaß berechnet:

$$\bar{\bar{X}} = \frac{\bar{X}_1 + \bar{X}_2 + \ldots \bar{X}_k}{k}$$

$$\bar{s} = \frac{s_1 + s_2 + \ldots s_k}{k}$$

$$\bar{R} = \frac{R_1 + R_2 + \ldots R_k}{k}$$

Analog zur Maschinenfähigkeit werden die Prozessfähigkeitskennzahlen c_p und c_{pk} berechnet:

$$c_p = \frac{\text{Toleranzbreite}}{\text{Streubreite}} = \frac{\text{OTG} - \text{UTG}}{6\,\hat{\sigma}}$$

$$c_{pk} = \frac{Z_{\text{kritisch}}}{3\,\hat{\sigma}}$$

$$Z_{\text{kritisch}} = \text{Minimum}(\text{OTG} - \bar{\bar{X}};\ \bar{\bar{X}} - \text{UTG})$$

Die Toleranzbreite des Prozesses ist dabei wie oben die Differenz zwischen den gegebenen Toleranzgrenzen OTG und UTG. Die Streubreite wird durch die sechsfache Standardabweichung $\hat{\sigma}$ wiedergegeben. $\hat{\sigma}$ wiederum wird aus dem ermittelten Gesamtstreumaß mit folgender Formel berechnet:

$$\hat{\sigma} = \frac{\bar{R}}{d_2} \quad \text{oder} \quad \hat{\sigma} = \frac{\bar{s}}{c_4}$$

n	2	3	4	5	6	7	8	9	10
d_2	1,128	1,693	2,059	2,326	2,543	2,704	2,847	2,970	3,078
c_4	0,789	0,886	0,921	0,940	0,952	0,959	0,965	0,969	0,973

Tab. 13: *Von Stichprobengröße n abhängige Konstanten*

Man spricht in der Regel von einem fähigen Prozess, wenn $c_p \geq 1{,}33$ und $c_{pk} \geq 1{,}33$ sind. Die Tendenz in der Praxis geht aber dahin, Werte von mindestens 1,67 zu fordern. Dadurch wird angezeigt, dass der Prozess auf längere Sicht die an ihn gestellten Qualitätsanforderungen erfüllen kann. Sowohl für die Maschinen- als auch für die Prozessfähigkeitskennzahlen gilt, je höher sie sind, desto besser werden die gestellten Anforderungen erfüllt.

Werden die Fähigkeitswerte nicht erreicht, muss die Maschine bzw. der Prozess hinsichtlich der Ursachen untersucht und dann verbessert werden. Die Fähigkeitsuntersuchung ist danach erneut durchzuführen. Mögliche Anzeichen für die Unfähigkeit können sein:

- zu geringe Zentrierung (die Merkmalsausprägungen liegen im Mittel nicht auf dem Zielwert),
- zu hohe Streuung (die Merkmalsausprägungen streuen zu stark),
- zu enge Toleranzen („Angsttoleranz“, die geforderten Toleranzen sind zu vorsichtig gewählt), Achtung: genaue Überprüfung!

Beispiel	Prozessfähig-keitskennzahl	Beurteilung
1. 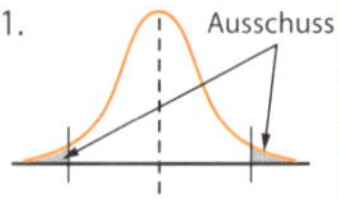	$c_p < 1$	keine Prozessfähigkeit, hoher Ausschussanteil
2. 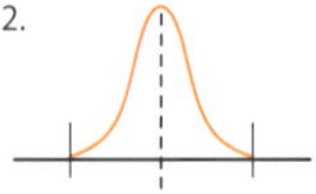	$c_p = 1$	keine Prozessfähigkeit, bei genauer Zentrierung kaum Ausschuss (0,27 % = 2700 ppm)
3. 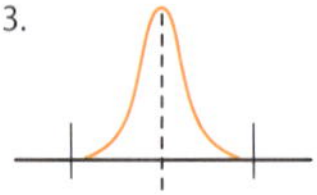	$c_p = 1{,}33$	gute Prozessfähigkeit, minimaler Ausschussanteil (0,00647 % = 64 ppm)
4. 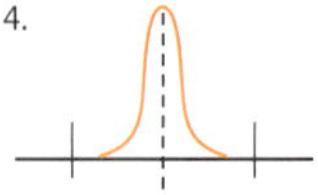	$c_p \geq 1{,}67$	sehr gute Prozessfähigkeit, statistisch kein Ausschuss mehr
5. 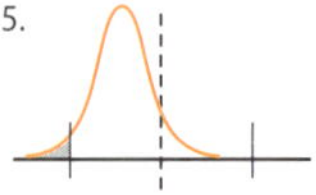	$c_{pk} < 1$	keine Prozessfähigkeit, Prozess ungenügend zentriert, hoher Ausschussanteil
6. 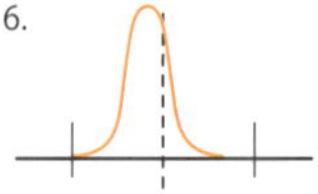	$c_{pk} \geq 1{,}33$	gute Prozessfähigkeit, Prozess genügend zentriert, geringer Ausschuss
7. siehe 1. – 4.	$c_p = c_{pk}$	Prozess genau auf der Mitte der Toleranzbreite eingestellt

Bild 44: *Ergebnisse von Fähigkeitsuntersuchungen mit Beurteilung*

Die SPR sollte direkt vom Maschinenbediener durchgeführt werden, wodurch eine Selbstkontrolle in die Fertigung integriert und dort das Qualitätsbewusstsein der Mitarbeiter gesteigert wird. Der Maschinenbediener muss für diese Aufgabe praxisnah geschult werden. Je nach Ausbildungsstand kann dann auch die Auswertung und das Entwickeln von Maßnahmen auf den Maschinenbediener übergehen. Bei der Einführung von SPR ist es sinnvoll, zunächst alle Eintragungen und Rechnungen von Hand durchzuführen, so dass das Verständnis für die SPR bei den Mitarbeitern weiter gefördert wird. Bei sicherem Umgang mit der SPR stehen auf lange Sicht EDV-gestützte SPR-Anwendungen zur Verfügung.

Eine sorgfältige Aufnahme der Daten und Berechnung der Kennzahlen ist bei der Anwendung der SPR notwendig. Für eine Prozessverbesserung genügt dies allein jedoch nicht, denn nur eine genaue Auswertung und Untersuchung von Ursachen sowie ein geordnetes Vorgehen bei der Problemlösung und der Durchführung von Maßnahmen verbessern die Prozesse und steigern deren Fähigkeit. Man sollte daher nicht zu viele Merkmale mit der SPR überwachen, sondern sich auf wenige wichtige beschränken. Stellt sich dann ein Prozess über längere Zeit als fähig ($c_{pk} \geq 2$) heraus, kann die Aufmerksamkeit auf weniger fähige Prozesse gelenkt werden.

8 Six Sigma

WORUM GEHT ES?

Exzellente Unternehmen zeichnen sich durch eine kontinuierliche Steigerung ihrer jährlichen Gewinne und eine hohe Kundenzufriedenheit aus. Six Sigma ist eine Qualitätsstrategie, die mit ihrer Vorgehensweise und dem Einsatz von einer ganzen Reihe von Methoden einen anerkannten Beitrag zu dieser Forderung leistet.

Six Sigma stützt sich auf vier wesentliche Elemente:

- qualifizierte Projektteilnehmer in allen Unternehmensebenen,
- ein zielgerichtetes und ergebnisorientiertes Projektmanagement,
- einen umfangreichen Methodenbaukasten, der die hier beschriebenen Qualitätstechniken enthält und
- die konsequente Darstellung der Kostenentwicklungen.

Die theoretische Grundlage von Six Sigma beruht auf statistischen Kenntnissen, die sich insbesondere auf die Normalverteilung und die Variation eines Merkmals stützt. Ziel ist es immer, die Variation zu reduzieren und die Durchschnittsleistung zu verbessern.

Wenn von sechs Sigma (Standardabweichung vom Mittelwert) gesprochen wird, bedeutet dies in der Praxis eine Fehlerhäufigkeit von lediglich 3,4 Fehlern pro Million Möglichkeiten (FpMM) oder von 99,99966% Zielerreichung.

Es werden vier Anwendungsbereiche für Six Sigma unterschieden, bei denen unterschiedliche Vorgehensweisen eingesetzt werden:

1. Prozessverbesserungen

Wenn die Variation in einem Prozess reduziert werden soll und der vorhandene Prozess eine Optimierung zulässt.

2. Designverbesserungen

Wenn der bestehende Prozess so schlechte Ergebnisse liefert, dass eine grundlegende Änderung des Designs vorgenommen werden muss.

3. Projektmanagement

Wenn ein Projekt als einmaliger Prozess gesehen wird, treten auch hier Variationen und Abweichungen auf, die durch entsprechenden Methodeneinsatz reduziert werden können.

4. Entwicklungsprozesse

Wenn die Qualität bereits im Entwicklungsstadium in die Produkte und Prozesse hineinkonstruiert werden soll (Design for Six Sigma).

WAS BRINGT ES?

Unterstützt durch die stringente Projektsteuerung, die festgelegten Rollen und Aufgaben im Verbesserungsprojekt und den Einsatz des umfangreichen Methodenbaukastens (oder auch Toolbox) werden mit dem Einsatz von Six Sigma sprunghafte Verbesserungen der kundenrelevanten Unternehmensprozesse erzielt. Die Fehlerquoten werden deutlich gesenkt und es können Kosteneinsparungen erzielt werden, die im Rahmen von Six Sigma konsequent gemessen werden.

Die unternehmensweiten zusätzlichen Aufwendungen für eine hohe Produktqualität werden normalerweise auf 20 bis

30 % des Umsatzes beziffert. Ein Six Sigma-Unternehmen reduziert diesen Aufwand auf bis zu 1 %.

Einen umfassenden Überblick über die hier nur in Kürze vorgestellte Strategie von Six Sigma und die damit erzielbaren Erfolge finden Sie anhand von vielen Beispielen im Pocket Power Nr. 36: Six Sigma.

Das Ziel von Six Sigma sind immer stabile Prozesse auf einem sehr hohen Qualitätsniveau. Damit kann die Kundenzufriedenheit gesteigert werden, was nicht zuletzt auch zu Vorteilen im Wettbewerb führt.

WIE GEHE ICH VOR?

Die Organisation

Die Umsetzung von Six Sigma beginnt wie immer mit der Überzeugung des Top-Managements von der Anwendung der Methode. Durch ein aufeinander aufbauendes System von Ausbildungen bezüglich Ablauf und Methodeneinsatz in Six Sigma wird in allen Unternehmensebenen, also von der Unternehmensleitung bis zur ausführenden Ebene, die durchgängige Anwendung der Methode sichergestellt. Die Bezeichnung der einzelnen Rollen in Six Sigma wurde an das Gürtelsystem im Kampfsport angelehnt (s. Bild 45) und bezeichnet die Funktionsträger als Belts.

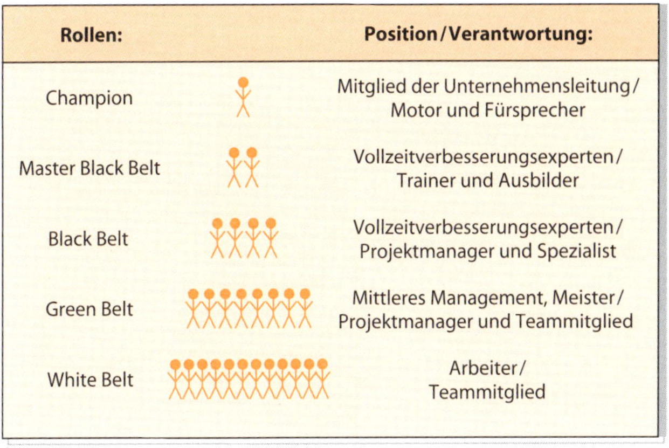

Bild 45: *Die Hierarchie der Six Sigma-Funktionen mit Rollen und Verantwortungsbereichen*

Die Strategien

Grundsätzlich gibt es verschiedene Strategien, Six Sigma im Unternehmen einzusetzen. Der am weitesten gehende Ansatz ist die Einführung und Umsetzung von Six Sigma als unternehmensweite Strategie. Der häufigste Ansatz ist jedoch, Six Sigma als Verbesserungsprogramm in Teilen des Unternehmens einzusetzen. Der dritte Ansatz ist die Integration von Six Sigma in bestehende Verbesserungsprojekte unter Einsatz des Methodenbaukastens.

Der Methodenbaukaten

Der Methodenbaukasten von Six Sigma führt sieben Mal sieben Techniken zusammen, die aus den unterschiedlichsten Bereichen, vor allem aber von unterschiedlichen Verbesserungskonzepten entliehen sind. Es finden sich viele der in diesem Buch beschriebenen Techniken, insbesondere die Q7 und die M7 im Methodenbaukasten wieder (s. Bild 46).

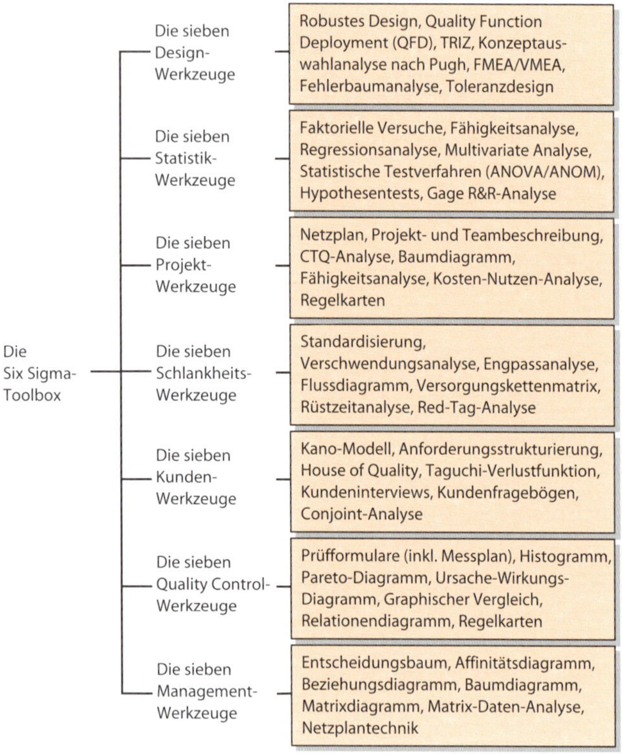

Bild 46: *Übersicht der Sieben-mal-sieben-Toolbox*

Die fünf Phasen der Verbesserung (DMAIC)

In der Prozessverbesserung, die als Haupteinsatzbereich von Six Sigma zu sehen ist, wird eine Verbesserungsmethode mit fünf Phasen eingesetzt, die als DMAIC-Methode bezeichnet wird. Der Name steht für die englischen Abkürzungen der einzelnen Phasen:

1. Definieren (define)
2. Messen (measure)
3. Analysieren (analyse)
4. Verbessern (improve)
5. Überprüfen (control)

Damit erinnert die Vorgehensweise an die schon von Dr. Deming beschriebene ständige Verbesserung, wo ein Zyklus von vier Phasen (Planen, Durchführen, Überprüfen, Agieren/Verbessern) beschrieben wurde.

Eine wesentliche Erweiterung erfährt die DMAIC-Methode durch eine genaue Festlegung der Inhalte der einzelnen Phasen mit einem konkreten Zwischenziel, welches am Ende jeder Phase erreicht werden muss. Die erreichten Ergebnisse werden kommuniziert und fördern damit die Akzeptanz der Methode im Unternehmen.

Die in den vorangegangenen Kapiteln beschriebenen Qualitätstechniken (vor allem die Q7 und die M7) werden hauptsächlich in den Phasen der Definition und der Analyse eingesetzt.

Literatur

Alle Pocket-Power-Bände, siehe hintere innere Umschlagseite.

Allgemein zu Qualitätstechniken:

Gogoll, A.; Theden, P.: Techniken des Quality Engineering. In: Kamiske, G. (Hrsg.): Unternehmenserfolg durch Excellence. München, Wien: Hanser 2000

Kamiske, G.; Brauer, J.: Qualitätsmanagement von A bis Z. 6. Auflage, München, Wien: Hanser 2007

Masing, W.: Handbuch Qualitätsmanagement. 5. Auflage, München, Wien: Hanser 2007

Pfeifer, T.: Qualitätsmanagement. 4. Auflage, München, Wien: Hanser 2010

Zu den Q7:

Ebeling, J.: Die sieben elementaren Werkzeuge der Qualität. In: Kamiske, G. (Hrsg.): Unternehmenserfolg durch Excellence. München, Wien: Hanser 2000

Zu den M7:

Gogoll, A.: Management-Werkzeuge der Qualität. In: Kamiske, G. (Hrsg.): Unternehmenserfolg durch Excellence. München, Wien: Hanser 2000

Zur QFD:

Saatweber, J.: Kundenorientierung durch Quality Function Deployment. 2. Auflage, Düsseldorf: Symposion 2007

Akao, Y.: QFD. Wie Japaner Kundenwünsche in Qualität umsetzen. Landsberg/Lech: Moderne Industrie 1996

Zur FMEA:

DGQ – Deutsche Gesellschaft für Qualität (Hrsg.): DGQ – Band 13–11: FMEA – Fehlermöglichkeits- und -einflussanalyse. 4. Auflage, Berlin: Beuth 2008

Verband der Automobilindustrie (VDA) (Hrsg.): Sicherung der Qualität vor Serieneinsatz. VDA-Band 4. 2. Auflage. Frankfurt/Main 2006

Zur SVP:

Bhote, K.; Bhote, A.: World Class Quality, Second Edition. New York: Amacom 2000

Kleppmann, W.: Taschenbuch Versuchsplanung. 6. Auflage, München, Wien: Hanser 2009

Zur SPR:

Quentin, H.: Statistische Prozessregelung – SPC. München, Wien: Hanser 2008

Zu Six Sigma:

Magnusson, K.; Kroslid, D.; Bergmann, B.: Six Sigma. München, Wien: Hanser 2003